Understanding and
Caring for Your New Puppy

THE PUPPY LISTENER

狗狗心事
小狗昵语

[英] 简·费奈尔◎著

陈芳芳◎译

U0313503

当代世界出版社

图书在版编目（CIP）数据

狗狗心事 .5，小狗昵语 /（英）简·费奈尔著；陈芳芳译 . —北京：
当代世界出版社，2014.1
ISBN 978-7-5090-0944-4

Ⅰ . ①狗⋯ Ⅱ . ①简⋯ ②陈⋯ Ⅲ . ①犬 – 驯养 Ⅳ . ① S829.2

中国版本图书馆 CIP 数据核字（2013）第 227890 号

THE PUPPY LISTENER by JAN FENNELL
Copyright: © JAN FENNELL 2010
This edition arranged with AITKEN ALEXANDER ASSOCIATES
through BIG APPLE AGENCY, INC., LABUAN, MALAYSIA.
Simplified Chinese edition copyright:
2013 Orient Brainpower Media Co., Ltd.
All rights reserved.

北京市版权局著作权合同登记号：图字01–2013–6870号

狗狗心事 5：小狗昵语

作　　者：[英] 简·费奈尔
译　　者：陈芳芳
出版发行：当代世界出版社
地　　址：北京市复兴路 4 号（100860）
网　　址：http://www.worldpress.org.cn
编务电话：（010）83908456
发行电话：（010）83908409
　　　　　（010）83908455
　　　　　（010）83908377
　　　　　（010）83908423（邮购）
　　　　　（010）83908410（传真）
经　　销：新华书店
印　　刷：北京普瑞德印刷厂
开　　本：710mm×1000mm　1/16
印　　张：13.25
字　　数：200 千字
版　　次：2014 年 1 月第 1 版
印　　次：2014 年 1 月第 1 次
书　　号：ISBN 978-7-5090-0944-4
定　　价：28.00 元

谨将此书献给那些和我一起分享生活中所有快乐的狗狗们，感谢它们的耐心，正是它们的耐心才让我有机会懂得它们的心事。

要说纯粹的快乐和刺激，恐怕没有什么可以跟养一只幼犬相比的了。它们活蹦乱跳，闪烁着炯炯有神的大眼睛，时刻充满着精力和能量，它们给你带来的快乐有时根本无法用语言来描述。我之所以这么说，是因为我有亲身体验。

和很多从小家里就养狗狗的人一样，我也很幸运，这么多年来，一直都有狗狗分享我的喜怒哀乐。我的这些伙伴们各不相同——它们的大小、外形、品种各异，甚至连性格都大相径庭，但是，作为它们的主人，我真的很感谢每一只狗狗，因为它们给我留下了最幸福的回忆。

如果你养过狗狗，那么你一定深有体会，要把一只幼犬带回家，从零开始驯养绝非易事，是的，不光不是易事，可以说，是一件非常辛苦的工作。幼犬有时候精力异常旺盛，如果主人不加以引导和驯化，这些小家伙很可能会酿成一场又一场的灾难，如果你不信，问问那些幼犬的主人就知道了，他们可是亲眼见证过小家伙们是如何在客厅里横冲直撞的哦！

因此，十多年前从我帮助狗狗的主人们了解他们的犬类朋友，更好地和他们的犬类朋友交流开始，了解幼犬、驯养幼犬就一直是我关注的重点。确实，从我开始从事这份工作以来，在我给世界各地的爱狗人士提供咨询服务的过程中，和其他与狗狗相关的问题相比，如何驯养幼犬这一问题出现的频率最高。幼犬的主人们咨询起来总是事无巨细，他们的问题可以说是五花八门，从给幼犬注射疫苗到给幼犬除虫，从梳理毛发到训练无所不包。

当然了，对于他们形形色色的问题，我的答案也是各不相同的，不过，这些答案中有一条共同的主线。几乎无一例外，这些狗狗的主人们从一开始驯养幼犬时就犯了错，因此，从一个错误的起点出发，走得越远，问题也就会越多。

在此，我不得不替他们说句话：驯养幼犬确实很容易犯错误。但是，有一点毫无疑问——对于狗狗幼小的生命来说，出生之后的六个月是最为重要的。因此，对于狗狗的主人们来说，这六个月也是最具挑战性的。虽然幼犬看上去都很可爱，很纯真，充满了吸引力，可是，驯养它们可不是看上去那么简单哦。

"三岁看小，七岁看老" VS "六个月看老"

我们不能直接把狗狗的年龄和人的年龄相比较。老经验说，狗狗的一年相当于人类的七年，这其实并不准确。不过，狗狗最初的六个月确实相当于一个孩子四岁到七岁这段时间。也就是说，这段时间对于狗狗的一生都是十分关键的。

你可以想一想，四岁到七岁这段时间对于孩子性格的形成有多重要就明白了。古人云，"三岁看小，七岁看老。"人类是如此，狗狗其实也是一样。让我看看六个月大的狗狗，那么我就可以知道狗狗以后会变成什么样。这就是为什么这段时间对你——狗狗的主人——来说很关键的原因了。

良好的驯养第一步一定要走对，不管你开始驯养狗狗时它多大，你和它相处的开始都很重要。你的狗狗需要学习如何吃饭、睡觉，如何在适当的地方进行大小便；它也需要学习什么时候该去玩耍，怎么玩耍才合适，如何和它的人类朋友交流，关键是它要能够正确获取人类朋友给它传递的信息。尤其重要的一点是，它一定要知道，在人类的世界中，它应该待在哪里；它还要知道如何接受你——它的主人，如何把你当做它的驯养者。

在最初六个月中狗狗们学到的知识会陪伴它们一生，这六个月也会慢慢暴露它们长大后的状态。因此，作为狗狗的主人，如果你现在一切都做得很妥当，那么你就可以期待和你的新伙伴即将开始的幸福、快乐之旅了。反过来说，如果一开始你就搞砸了，那么，现在还只是问题的开始，以后麻烦一定会接踵而至。

本书就是关于狗狗驯养最初六个月的指南，从本书中你会了解到，在最初的六个月里，狗狗在身体和心理上会发生哪些变化，你作为它的主人，应该如何一步步往前走，尤其是从第八周开始，也就是大多数人真正开始全面负责狗狗的一切开始，你应该怎做。

当然了，再没有什么能比和一只充满了生命力、爱玩好动的幼犬相处更让人快乐、让人积极向上的了。当你的狗狗还是幼犬时，你和它应该充分地享受彼此陪伴的时光，如果没有，那真是罪过了！因此，本书中也介绍了很多关于如何和幼犬玩耍、嬉闹的信息。我真心希望本书可以给你提供帮助，让你坚信，毕竟，生活就是漫长而又快乐的旅程。

简·费奈尔 2010 年 10 月写于林肯郡

01

狗狗是什么样的动物

THE PUPPY
LISTENER

Understanding and
Caring for
Your New Puppy

要很好地和你的幼犬交流，你必须知道它为什么会有这样或那样的表现和行为。而要理解这些，你就要先回答这个问题：狗狗是一种什么样的动物？虽然看似简单，但是答案却远比你想象得要复杂，而且，这个问题的答案也涵盖了你必须了解的"新朋友"的各种信息。

在地球上所有的动物中，狗是迄今为止人类最古老、最亲密的家居伙伴。我们和狗狗之间非同寻常的友谊可以追溯到大约14000年前。科学家们认为，从那时起人类开始把狼带入了早期的人类社会当中。这一做法无论对人类还是对狼群来说，都是有利的，因为双方都能从新的伙伴那里有所收获。一方面，人类可以充分利用狼敏锐的感官，它们的感官不仅为人类提供了早期的报警系统，也大大增强了其捕猎和追踪的能力；另一方面，人类的新伙伴也更容易获得对它们来说很珍贵的物品——食物了。

就这样，狼慢慢适应了和人类很亲近的生活方式，在这个过程中，它们进化成了一种完全不同的动物。它们不再依赖猎食或者捕杀其他动物为食，而且其行为也慢慢为人类社会所接受。由于食物从原来的生肉变成了人们吃剩的饭菜，因此狼的头骨和牙齿在整个身体中所占的比例慢慢变小了，与此同时，大脑也有所缩小，就这样，狼慢慢变成了第一种被人类驯化的动物。

在过去的几千年中，人类对于狗的选择性育种让狗成了这个星球上种类最多的动物。如果狗现在依然是野生状态，那么它们的进化演变速度可能就慢多了。不过，事实恰恰相反，在过去的几个世纪中，人类把不同品种、不同特征的狗进行混种繁殖，然后，才有了我们今天世界中形色各异的狗狗，实际上，你所见到的狗狗已经是多次混种的结果了。这些狗反映了世界各地不同民族、不同年龄的人的实际需求、审美观点，以及流行风尚。

狗的主要品种

人们养狗的目的各不相同，因此，狗在人类世界中扮演的角色也就各异了，从捕捉猎物到捡回被打中的鸟儿，从看家护院到引导盲人等等。

据研究，狗的DNA，甚至它们的基本骸骨结构依然和狼一样。不过，现在世界上的狗已经有几百个不同的品种了，它们形状、大小，以及身上的花纹各不相同。有些狗至今在很大程度上还和它们物种的原型极为相似，比如说，西伯利亚爱斯基摩犬、阿拉斯加雪橇犬等，还有一些狗，它们从外形上看已经完全脱离了它们的祖先。如果说迷你贵宾狗和英国古代牧羊犬同宗同族，你肯定无法想象。

从广义上来说，狗大致可以分为七类。下面我们就一一介绍这七个不同的种类，每个种类介绍中都有该种类所包含的主要品种。

猎犬或运动犬

很多狗狗种类的演变都是由于人类需要它们做的工作所致。当枪的发明让狩猎多了一种方式之后，狗狗的又一种类也因此诞生，它们要完成新的特殊工作。由于狗狗的嗅觉灵敏，因此，猎手让狗狗来帮助他们定位或找出射击的目标。还有一些狗狗是用来驱赶猎物或让猎物跳起，以便于猎手发现的，通常情况下，这种猎物都是鸟类。不过，更多的狗狗是被驯养用来寻回被射杀的猎物的。因此，这种狗狗慢慢就被驯化出了特殊的品性。以寻回犬为例，一般来说，它们叼起猎物时，都会"口下留情"，这样才能保证它们找回的鸟儿不会受到伤害。

猎犬或运动犬通常包括金毛寻回犬、德国短毛指示犬、爱尔兰雪达犬、戈登长毛猎犬和英国谍犬、长耳猎犬、美国可卡犬、英国史宾格犬和田野小猎犬、拉布拉多犬，以及乞沙比克猎犬。此外，还包括德国魏玛犬和匈牙利威斯拉犬。

工作犬

几个世纪以来，人类一直在驯化狗狗做各种不同的工作。有些狗狗经过特殊的训练，成功地将溺水的人救出，有些狗狗会指引着人们穿越白雪覆盖的高山，当有入侵者时，它们还会及时向人类发出警报，它们灵敏的嗅觉可以发现爆炸品，它们还可以给盲人带路。工作犬包括阿拉斯加雪橇犬、伯尔尼兹山地犬、圣伯纳德犬、杜宾犬、拳师犬和斗牛马士提夫犬。这些工作犬通过驯化最终会擅长于各种不同的工作。

狩猎犬

最早经人类驯化的狗狗是"视觉"猎犬或"凝视"猎犬。这类狗狗在古代波斯人的手稿中以及埃及人的墓画中都有出现。它们的特长是捕捉空旷的野外人类以及人类的马、弓箭无法捕捉的猎物。在经过训练的猎鹰的帮助下，这些猎犬可以悄悄地迅速接近猎物，然后进行捕捉，以便于猎手接近猎物并猎杀。沙克犬和阿富汗猎犬就是这一种类中比较古老的代表。更接近现代的有爱尔兰猎狼犬和格雷伊猎犬。几个世纪之后，欧洲人又驯化出了"嗅觉"猎犬，这类猎犬可以长距离地跟踪猎物，直到猎物最后筋疲力尽时再将其捕获。有些猎犬会直接将猎物捕杀，有些则会将猎物困住，然后大叫着吸引猎手前来。猎鹿犬是这一类别中比较特殊的一种。更接近现代的还有侦探猎犬和短腿猎犬。

人类对于狗狗的用途要求各异，因此，在狗狗的世界中，同一品种也会呈现出外形的巨大差异，以狩猎犬为例，有高个子的爱尔兰猎狼犬，也有矮墩墩的达克斯猎犬；有速度飞快的格雷伊猎犬，也有唯一"沉默不语"的巴辛吉犬。

梗类犬

梗类犬的名字来源于拉丁语中"terra"一词，意思是"土地"。一看名字我们就知道了，梗类犬最初是人们用来捕捉生活在地上或地下的"害虫"的，当然了，这是人类下的定义，其实，这些"害虫"范围很广，还包括狐狸、獾、鼠类，以及水獭。梗类犬可以追溯到几百年前，而且人们普遍认为它们大多起源于英国。比较常见的梗类犬有艾尔谷梗犬、牛头梗，凯恩梗、狐狸犬，爱尔兰梗和西高地梗。

观赏犬

当然了，并不是所有的狗狗都要为人类工作。在整个人类历史过程中，有些狗狗并不会进行工作，但是，它们让人类朋友感受到了温暖、陪伴、关爱以及审美上的享受。哈巴狗就是一个例子，是可放在人们膝上供人玩要的小狗。观赏犬包括玛尔济斯犬、博美犬、京巴犬、骑士查理王小猎犬、约克郡犬，以及卷毛比熊犬。

实用犬或家庭犬

以上介绍的几种狗狗都是人类有目的地让其繁殖并驯化的，但是，还有一类狗狗它们既不适宜狩猎等运动，也不适宜某些工作。因此，这种狗狗在外形上差异很大也就没什么让人惊讶的了。比如说，日本秋田犬、迷你贵宾犬、斑点犬、松狮犬、墨西哥无毛犬，以及拉萨阿普索犬都属于这一类。

田园犬或牧羊犬

在所有种类的狗狗当中，最有用、最聪明的要数那些传统上用来放牧的狗狗了。它们可以在不同的天气条件下，和不同的动物一起工作，比如说，牛、羊，以及驯鹿等等。因为长期在恶劣的天气条件下工作，这种狗狗慢慢演化，身上长出了非常厚实的皮毛，可以防风遮雨，以免它们受到恶劣天气的影响。这种狗狗中比较常见的有德国牧羊犬、博德牧羊犬、英国古代牧羊犬和萨摩耶犬。在世界的不同地方，它们的名字也各不相同，比如说，澳洲牧羊犬和牧牛犬、比利时牧羊犬、波兰低地牧羊犬，以及比利牛斯山犬等。

狗狗的狼性

考虑到身体特征的不同以及它们所在环境的不同，如今，狗狗比世界上其他任何动物的生活都更为多样化。有些狗狗专门工作，比如牧羊犬、导盲犬、嗅探犬、警犬，有些狗狗专为家庭饲养和驯化，还有一些狗狗只是作为人类的伙伴，让人类心情愉悦。不管它们属于哪一品种，也不管它们过着怎样的生活，有两点是确定的：第一，它们有着共同的 DNA，和它们的祖先狼一样，有着相同的"基本程序设计"。在此基础之上，每只狗狗又都按照不同的模式生活着。

当然了，你那蜷缩在壁炉前可爱的小绒球怎么看也不会像一只野生动物，不过，在它的基因深处，确实有着野生动物的影子。你可以把狗狗和狼群分离开来，但是，你无法将狼和狗彻底划清界限。为了明白最初的六个月你的狗狗会经历怎样的过程，你首先要明白在自然界中所发生的一切。

小狼崽在出生后六个月左右的时间里，基本都是紧挨着它的兽穴的，在这几个月中，小狼崽度过了生命中的第一个关键期。

在出生后三周左右的时间里，小狼崽完全依赖于母狼，它时刻和母狼待在一起，在兽穴里吮吸母乳。这个时候，狼群的其他成员不会打扰哺乳中的母狼和小狼崽。

三周之后，小狼崽就可以走路了，它可以悄悄地迈出离开母狼的第一步了。与此同时，它们的父亲，那位公狼首领，以及狼群的其他成员也开始和它们有了互动。一个狼群就像是一台运转良好的机器，一个紧密的团队。在这个团队中，每一名成员都明白自己的工作、自己所在的位置。而且从一开始，每一只狼在狼群的整条指挥链中都有自己的职责。

在小狼崽最初的几周内，每一匹成年狼都会变得"喜欢赖窝"，因为它们体内会分泌一种被叫做催乳素的激素。它们知道，这些新成员（即小狼崽）代表着狼群的未来，它们也知道有超过一半的新成员都无法活到成年期。疾病、饥饿、捕杀会夺去 60% 新成员的生命，这些小狼崽甚至连两岁都活不到。因此，小狼崽一到兽穴中，

出生四周半之后，右边的狼已经知道了自己的地位在其兄弟姐妹之下。从这些图中我们可以看到，"地位较低"的幼仔在恭敬地请求它的兄弟，希望它能同意自己坐在它的身边。整个过程中，"地位较高"的幼仔目光向前，表现得非常冷漠。

狼群就开始了它们的教育工作——它们要让小狼崽明白，狼要活下去，以后的每一天将要面对怎样的现实。

这段时间小狼崽获取的信息对它们来说很有用，也是具有形成作用的。它们明白了面部表情以及肢体语言是如何传递关于身份的重要信号的。它们也明白了先辈们是如何通过这些信号来避免交锋的。此外，它们还看到了整个队列是按照每一只狼的经历和个性进行排列的，性格较强的在狼群中拥有较高的地位。通过观察成年狼相互交流的方式，尤其是公狼首领的交流方式，小狼崽们第一次看到了在狼群中处在上层的狼是如何工作的。

不过，它们随后学到的一课还是来自于玩耍。当它们开始和兄弟姐妹追逐、嬉戏、打闹的时候，它们的体能得到了锻炼，也慢慢发现了自己的长处——也就是自己在狼群中最终所处的位置。这也是它们为真正步入狼群做准备的开始。就这样，狼群中的看守者、追踪者以及攻击者慢慢形成了。

小狼崽长到八周左右时，它就可以到离兽穴更远一些的地方了，它开始尝试追逐狼群周围的小昆虫、小鸟或其他小生物，和兄弟姐妹以及狼族其他成员之间的追逐嬉闹的玩耍仪式也会进一步加强。小狼崽慢慢长大了，跑、跳、摔打、撕咬，甚至是猎杀等加入捕猎队伍所需要的本领慢慢都学会了。不过，这个时候如果它想离开兽穴去捕猎还是不行，因为它还是太小，如果在这个阶段就离开兽穴很容易被猎人捕捉到。因此，年龄较大的狼会非常明确地将信号传达给小狼崽："在家待着，你还不能跟我们去捕猎。"它们还会选择一只年龄较大的狼陪着小狼崽。狼群的等级和分别又一次凸显出来了——在这个群体中，小狼崽就应该待在家里。

小狼崽长到五到六个月大时，它的身心都会快速成长。它会继续在兽穴或四周活动，等到 18 个月时，它就彻底长成一只成年狼了。

虽然将野生动物的生命和你那只可爱的小家伙，那只分享你的喜怒哀乐的小生灵的生命等同有些困难，但是，这确实是了解狗狗很关键的一点。狼和狗的成长阶段非常相似，每个年龄段的身体和能力状况也非常相似。狼族的某些本能是植入家养的狗狗的大脑中的，因此，如果你明白这一点，你就能够理解狗狗的行为，并且可以有效地回应了。

在本书中，我将向读者介绍如何照顾狗狗出生之后最初六个月的生活，并且让大家明白它们的祖先对于今天的它们留下了哪些影响。

02

狗狗刚出生后的几周

THE PUPPY
LISTENER

Understanding and
Caring for
Your New Puppy

多数人都会在狗狗出生后八周左右开始收养。为了更好地了解你的狗狗，那么你就需要知道这八周中发生的一切。狗狗是如何一步步成长的？到目前为止最为重要的时刻是什么？如果想要收养它，你需要记住哪些要素？

早期——出生十天之内

狗狗刚刚来到这个世界上时可能会遭遇各种创伤。新生的幼犬离开了温暖、安全、黑暗的环境（即子宫），来到了一个新的世界上，周围的气味、感觉对它来说都是全新的。

幸好它的妈妈能够守护它，照顾它，让它安心。在即将开始的两到三周中，它的妈妈会密切关注它的一切。

在最初的十天里，由于新生的幼犬视觉和听觉还没有开始工作，因此，对于周围发生的一切它并没有任何概念。它对于自己以及自己的兄弟姐妹也是没有什么概念的。除了睡觉，饿的时候找奶吃，感觉寒冷、饥饿和疼痛呜呜地叫之外，其他的它什么都不会。

在这个阶段，妈妈的角色可谓是无所不包的。除了要给幼犬哺乳之外，它还要负责照顾幼犬大小便，要把幼犬的大便吃掉，小便舔干净，这样它才能确保幼犬的生活环境清洁、干净，不会有细菌。它不仅仅是幼犬唯一的食物来源，也是让幼犬保持温暖的唯一方式。新生的幼犬不能产生足够的热量，也无法维持住身体的热量，和妈妈紧密接触对幼犬的存活来说至关重要。因此，在这个阶段，妈妈不会离开幼犬太远，她能够活动的范围最多就是幼犬周围一两米而已。

然而，即便是这个阶段，幼犬的个性和特征的形成也已经初现端倪。我们知道，母犬的乳头是在腹部排成两行的，幼犬如果需要进食，中间位置的乳头肯定是最好的。这个时候，幼犬们就已经开始为"最佳的奶源地"而争夺了。有些幼犬会独霸中间的乳头，而其他一些幼犬则会在争夺中败下阵来，只好在前部或尾部，退而求其次了，还有一些甚至会被完全排挤在外，没有奶吃，最后，这些在争夺中失败的幼犬很可能会被饿死。

十天——三周

对于狗狗的成长来说，第一次大的转折点是在它出生后十天左右。这个时候，幼犬会第一次睁开眼睛，然后它们会学着关注周围的动静，与此同时，它们的听觉也慢慢开始发挥作用了。

这时，幼犬会开始关注它们周围的环境了。虽然这个时期幼犬的大部分时间都是在睡眠中，但是，它们也在关注周围的动静。让它们感到惊讶的是，它们发现这个世界上并不是只有它们，它们还

依偎在一起，呼呼大睡：玩耍时间结束了，幼犬们会紧紧依偎在一起，呼呼大睡。

有兄弟姐妹。它们学着通过相貌、声音，以及气味来辨认它们的妈妈。它们开始通过嗅觉来了解它们小窝周围的一切，似乎在向大家昭示它们已经准备好探索整个世界了。慢慢地，它们可以站起来了，在摇摇晃晃中寻找着身体的平衡和协调，并且试着迈出了人生的第一步。它们会进一步尝试，看看自己都有哪些本领，还要关注其他幼犬有哪些本领。幼犬们开始彼此攀爬，试图在体重上赢过自己的兄弟姐妹。这个时候，幼犬之间也会有小的争斗，它们会呜呜叫着向彼此示威。当然，这个时候它们还有不少要学习的生存本领。比如说，要学会从碗里喝水。

不过，所有这些都是在很短的时间里学会的。最多坚持五分钟，它们就又会呼呼大睡去了。

三周——八周

幼犬长到三周时，它们的视觉、听觉，以及嗅觉已经开始发挥作用了，因此，它们对于周围环境的景象、气味和声音也有了更多的反应。它们开始汪汪叫，开始制造出更多的声音。它们开始摇尾巴，用爪子挠挠自己的身体，摇摇小脑袋。它们也开始了和兄弟姐妹的小争斗。这些是它们对于外界反应的进一步扩展，在彼此之间撕咬、攀爬身体之后，它们对于周围的一切又有了新的反应。它们慢慢寻找着一些关键问题的答案：我应该在这个群体中处在什么位置呢？我有哪些本领呢？此外，它们也开始思考另一个问题：在我们的小窝周围，在更远的地方，还有什么，还有谁呢？它们准备好向妈妈索要更多的独立权了。

触摸幼犬

幼犬长到三周左右，饲养者就可以触摸幼犬了，让它们习惯于人类的环境、气味，以及声音。这对于幼犬之后的每一步成长来说都十分重要，因此，从一开始，我们的目标就是让幼犬适应和人类相处的温暖、舒适，还有对它们来说最为关键的一点：安全。对于狗狗的成长来说，少许的压力是有益的——也就是说，让它们思考"到底是怎么回事？"对它们的成长来说是很有益的。不过，不管怎样，

让它认识你：幼犬和主人之间的第一次交流，这为今后的友谊打下了坚实的基础。

过多的压力一定要避免。

要想用手托起幼犬，我们要按照以下步骤进行：

1. 蹲下身去。

2. 将手放在幼犬的身体之下，轻柔并自信地将其身体托起。

3. 仍然保持蹲下的姿势，慢慢将幼犬托起，直到可以平视幼犬为止。

4. 将幼犬放到你的臂弯，轻轻抚摸，并轻轻哼唱，让其平静安心。

如果你正确地做到了以上几步，幼犬就会意识到你对它来说是安全的。如果以后它感觉到不安全，不知道可以到哪里去，你就会成为它的一个潜在选择。

因此，你不能按照有些人说的那样，直接从颈部将幼犬捏起来。这个观点本身就是错的。有些人看到狗狗用嘴巴叼起幼犬时就是直接衔起幼犬的脖子，因此也如法炮制，其实这个习惯并不正确，第一，狗狗叼起幼犬，触碰的是幼犬的背部，而不是颈部；第二，它们之所以会用嘴巴叼起幼犬，是因为它们没有手，别无选择。如果狗狗像人类一样，有手可以使用，它们一定不会直接用嘴巴叼起幼犬的。我们有手，因此，我们可以用手慢慢托起幼犬的腹部。如果你直接捏起幼犬的颈部，幼犬会感到疼痛，这就会产生负面的作用，在接下来的几天甚至几周中，这种负面的情绪将成为你和幼犬建立纽带的障碍。

如果狗狗的饲养者在这个关键期没有和狗狗相互交流，那么他们就错过了最为宝贵的一段时间。确实，很多证据证明，幼犬探索和适应周围环境的本能在出生后最初的五周内会达到最高峰，在那之后，其探索和适应的本能就会慢慢退去。如果一直到 14 周狗狗还没有和人类以及周围环境充分接触，那么在之后的生活中它们总是会出现这样或那样的问题。

从幼犬三周开始，每天两次练习触摸幼犬的过程。随着幼犬对你的信任度的增加，你可以扩展和增加与幼犬之间的交流和互动。这也是为以后幼犬与其他人，尤其是与兽医的交流做好准备。

1. 将幼犬放在一个有一定高度的地方，比如说，放在桌子上。桌子上一定铺有东西，而且桌子很牢固，否则，任何突然的动静都会惊吓到幼犬。

2. 开始尝试梳理幼犬的毛发，用一只柔软的刷子慢慢梳理幼犬的皮毛。

3. 尝试将手指放入幼犬的口中，这样才能让其张开下巴，检查其口腔。

4. 慢慢托起幼犬的头，检查幼犬的耳朵。

5. 教会幼犬顺从地朝一边翻滚，这就为将来做好了两个准备：第一，看兽医；第二，让幼犬更加明确你是它的主人，你拥有支配权。

6. 让幼犬习惯你触摸它的脚。很多狗狗都不喜欢有人触摸它们的脚，因此，在早期就将此障碍解决掉最好不过了。在幼犬感觉疲惫的时候进行，这样会更加容易。

教它辨识自己的名字

在幼犬最初的八周里，你要让幼犬明白的最重要的信息就是坚信人类的声音是没有任何威胁性的。当你或者其他任何人开口说话时，你希望你的狗狗能够将其与任何温暖或者正面的事物相联系。这个时候如果教给它一些特殊的指令，比如说"坐下"或"过来"等等，都还为时过早，但是，幼犬很快就要进行一些纪律和自控训练了。就目前来说，重要的是它能够因为你的陪伴而感到愉悦，能够把你的声音和积极正面的信息相联系。

这个时期还有一件很重要的事要做，那就是让幼犬识别出自己的名字。要做到这一点，你必须在开始适当的训练之前先进行一些重要的铺垫。

首先，你要做的是选择一个名字。一旦名字选好了，最好在幼犬三周左右时，你第一次触摸幼犬，准备将其拖起来并向其表达关爱的时候就使用。如果幼犬换了主人，那么名字也可能出现变化，不过，如果它一开始就已经确定了将要去的家庭，你也知道它未来可能的主人是谁，那么最好的做法就是让它未来的主人选择名字，你在它到达新主人那里之前就使用。

接下来，就要在很多幼犬中尝试喊它的名字了。但这个时候，你的幼犬可能并没有意识，它知道自己是小群体的一员，它还没有意识到自己的独立存在性。因此，对于你的叫喊它可能不会立即有反应。但是，如果它有反应，那么你的目标就是，让它听到你喊它时稍稍停下，然后看着你，它的表情像是在开口问你："你是在和我说话吗？"

在进行这些步骤时有几点很关键的地方需要注意：

- 眼神交流很关键。当你喊其中一只幼犬时，它们可能会一起朝你看去，但是，你的眼睛必须只看那只你喊的狗狗。

- 眼神务必温和，务必能够吸引幼犬的注意，一定不能怒目相视或者焦虑不安。

- 当你喊幼犬的名字时，声音听起来一定是快乐的，语调要柔和，肢体也是一样。

- 如果你喊的那只幼犬自己单独朝你走来，那么一定要温和地加以鼓励，并且要重复喊它的名字。

- 如果所有的幼犬都走了过来，那么一定要特别表扬其中你所喊的那一只；你要让其他的幼犬明白，你喊的名字并不是它们的，这对于使它们强化信息很有帮助。

给幼犬起个名字的好处就在于你可以在此基础上更进一步。比如说，当你在幼犬断奶期间或者训练其大小便期间，你可以一边给予奖赏，一边温柔地重复喊它的名字，以此让它将对某些行为建立积极的联系，这会有助于训练的进行。

所有这些都会对狗狗产生一种滴流效应。很快，它就会意识到哪个声音对应的是它的名字，这就为你以及幼犬未来的主人对其进行更多的训练打下了良好的基础。

断奶

在幼犬出生后三到五周时，就可以准备好让其断奶了。

在自然环境下，这个时期也是母狼首领放弃其"唯一食物供给者"的角色，再次回到狼群中的时期。家养的狗狗也是如此，母犬这个时候不再像以前那样躺下来哺乳幼犬，而是会站起来，如果她感觉自己已经完成了哺乳任务或者她被幼犬慢慢锋利的乳牙或爪子伤到了，她就会走开。

幼犬需要三周左右的时间才能在心里完全淡忘吃奶这回事。这段时间，母犬可能还会给幼犬哺乳，喂养它们，但是，随着幼犬需求的减少，乳汁就会慢慢减少，直到完全没有。作为狗狗的主人，你会发现，母犬喂养小狗的时间在逐渐缩短。在断奶的初期，幼犬一般是一半依赖于母乳，一半依赖于其他食物，不过，等六周结束，幼犬的饮食就完全脱离母乳了。

很多人在幼犬断奶开始时会选择谷物作为食物，比如说，粥里掺放牛奶，也有人会选择罐装的幼犬食品，还有人会把精心选择的营养物磨碎，作为幼犬断奶期的理想食品。相比较来说，更多人会

断奶：如果引导恰当，三周之后，幼犬应该很快就会停止摄入母乳，适应固体的食物。

选择生肉。

到断奶的时候，一般来说幼犬的牙齿都已经长好了，但是，它们的颌骨还很脆弱，不能咬碎骨头之类的食物，喉部也太窄，无法吞下整块的食物。因此，你在选择食物时一定要注意，不管选择什么，稠度和厚度应该适宜。粥和牛奶混合不要太稠，磨碎的食物首先要在冷水中浸泡一夜，然后在食物加工器中进一步处理，以达到更适宜的稠度和厚度。罐装食物也必须是经过软化的，这样幼犬吃起来才不费力。如果你选择了生肉，那么就一定要确保肉是切碎的。

一开始喂幼犬时请按照下面的说明来进行：

1. 轻轻托起幼犬，温柔地和它说话。切忌任何突然的举动。

2. 将拇指、中指、无名指并拢捏在一起，把食物舀起来放到手指上，然后放在幼犬的鼻子下，稍等片刻，这样它就可以闻到食物的味道了。

3. 幼犬接受食物的速度取决于幼犬的个性。有些幼犬可能闻一闻就开始吃了，而有些则比较警觉，显得不知所措。如果它们积极踊跃，一定注意不要被咬伤。如果它们不愿意吃，一定要有耐心。

4. 幼犬吃掉你放在手指上的食物后，你要用手指轻轻抚摸它，并温柔地给予表扬。

这是幼犬第一次把你和"提供食物"这个概念联系在一起。重要的是，你要慢慢给它喂食，尽量让幼犬感觉喂食的过程很愉快，这样，它才能建立起良好的联系。如果你花时间慢慢去做，那么你和幼犬之间的关系就会比较融洽，如果你没有耐心，很仓促，那么你们的关系就会出现问题。因此，切记不要匆忙为之。

大小便

我们已经看到，幼犬到断奶为止都是母犬诱导其排便，并且进行清理的。现在，这一点要发生变化了。从第三周开始，幼犬会第一次尝试离开产箱。一般来说，幼犬是被允许离开其睡眠区，向外移动一两米的。

在这段时期，它们将开始自行大小便。幼犬这一新的独立行为和母犬逐步将自己移出幼犬的视线不谋而合。

三到四周大的幼犬一天至少进行 12 次小便，五到六次大便。

一开始，幼犬可能会在小窝周围大小便。按照天性来说，狗狗是很干净的小动物，因此，幼犬也会尽可能地让其睡眠区、喂食区，以及大小便区远远地分开。你要确保你手边有合适的东西，可以让幼犬大小便时使用，比如说，报纸、吸水垫或者木屑，选择性很多，不过，一定要确保这些东西是没有灰尘的。

当然了，这个时期，幼犬并非每次都会去你准备好的地方大小便，因此，你一定要保持其睡眠区完全干净。你可以买具有吸水性的垫子，这样的话，就能一直保持垫子的干燥了。在垫子和地板之间放一打报纸，也可以很好地吸走潮湿。但是，一定要记得及时更换报纸，在大小便训练的早期可能每一天都要更换两到三次。

狗狗喜欢在自然的环境下大小便，因此，如果你能够把训练幼犬大小便的地点定在花园或者室外，对你和幼犬来说都会更有利。

在幼犬四周大时就可以开始这项训练了。四周大的幼犬也应该掌握了散步的基本要点。

- 早晨第一件事就是陪狗狗去大小便，狗狗饭后，以及每次睡觉醒来都要陪它去大小便。
- 和它一起在公园或者室外。当你看到狗狗蹲下时，一定要给予奖励，并且说一些夸赞的话，比如，"真干净"等等。

也有一些时候，幼犬会直接拉你到外面去，因此，一定要注意它从睡眠区到花园的惯常行走路线，最理想的路线当然是直接从它的小窝到花园了，并且要带好你准备处理它大小便的东西。

如果幼犬在设定好的地方之外大小便了，一定不要责怪它，这一点很重要。你只要默默地清理干净就好。训练幼犬大小便的关键就是让它对大小便训练建立起积极的联系，任何负面的或消极的做法都不会有帮助。如果幼犬能够在脑海中建立起积极的关联，那么不用太久，它就会把"出去"和"大小便"联系起来了。

幼犬长到八周大时，它就要去新家，要离开母犬和兄弟姐妹了。这八周中它受到的照顾和呵护越好，它就能越能很好地应对环境的变化。在下一章，我会给幼犬的新主人提供一些选择幼犬的建议。

选择适合你的狗狗

THE PUPPY
LISTENER

Understanding and
Caring for
Your New Puppy

在讨论喂养一只幼犬的种种细节之前，首先你要知道如何获得一只你想要的幼犬，这一点很重要。就我所知，购买狗狗的话只有两种合适的渠道：一是值得信任的负责的饲养员，二是注册了的狗狗营救中心或狗狗之家。

我知道，除此之外，还有很多其他的选择，比如说，宠物商店、狗舍（他们有经营许可证）、分类广告，或者是在酒吧或露天广场偶然邂逅出售狗狗的人。

从陌生人那里购买狗狗的问题很明显——如果出现任何麻烦，你根本无法补救或挽回。我的一位朋友曾经在马市上看到有人出售好几只狗狗。出售狗狗的人甚至不知道这些狗狗来自哪里，他似乎只对一件事感兴趣：赚钱。我的朋友是个软耳根子，看到那些狗狗又觉得很可怜。就这样，在接下来的两年里，她光是带着狗狗跑兽医院就花掉了超过 2500 美元，因为她买的那只狗狗不光生有蠕虫，而且肠胃也有毛病。关键是她根本没办法从狗狗出售者那里得到任何补偿——对方甚至连自己的姓名都没有留下。

可悲的是，这种买卖狗狗的行为一直有增无减。我最痛恨的就是所谓"幼犬农场"的不断增加。实际上，这些地方根本不是什么农场，而是像工厂一样。在英国，多数的宠物交易者以及有执照的狗舍的宠物都是来自幼犬农场，从宠物交易者或者狗舍购买狗狗的

买主如果发现狗狗有问题，一般必须在 48 小时之内提出。可是，在这么短的时间内，狗狗的买主又如何能判断狗狗是否有问题呢？就算狗狗有健康方面的问题，也很难在这么短的时间内发现，而且在新环境之下，由于紧张和焦虑，狗狗的真正性格都很难被发现。

有一点我是坚信的，在决定将幼犬带回家之前，至少要想办法见一见给它生命的母犬。这一点我马上就会详细解释。你在收养幼犬之前，应该首先见见幼犬之前的饲养者，观察一下幼犬和母犬，以及兄弟姐妹之间的相处情况。如果你没有办法见到这些，那就一定要留心了。在幼犬农场上，幼犬和母犬一般都是很早就被分开了的。不能在母犬身边，那么出售者就成了第三方，他们只有一个动机——赚钱，他们不会想着如何保护幼犬，更不会考虑幼犬的幸福了。

如果是有信誉的饲养者或营救中心，他们出售任何一只狗狗都会做出担保：如果狗狗新的主人发现问题，不管是何种原因，他们都可以将狗狗退回的。在这种情况下，狗狗就不会出现任何状况了。如果新的收养家庭温暖幸福，那么狗狗就会开始新的快乐生活了。如果不是这样，它也会被送回去，其安全也有充分的保证。

如果没有这种担保，很多狗狗的新主人就没办法将不喜欢的狗狗送回了。当然了，在这种情况下，很多人也会确保狗狗们最后都有一个好家庭。可是，情况也不仅如此。狗狗因此而遭受磨难就是我无法宽恕的了。

购买幼犬

在这个世界上，没有什么比爱上一只幼犬更简单的了。我们都有过这样的经历，当我们第一次盯着可爱的狗狗那双水汪汪的大眼睛时，我们就已经无药可救地爱上了它。不过，正因为如此，我才建议人们一开始寻找幼犬时，一定要将刚见到幼犬时的喜爱放到一边。

我们知道，新的主人总是会冒冒失失地就喜欢上了将要收养的幼犬，这也是人之常情。不过，作为新的主人来说，最好在动心之前先面对真正的现实——先见见幼犬的父母会比较好。

母犬一胎产下多只幼犬的整个过程中，它的主人都在一旁辛苦地照顾着。幼犬能够来到这个世界上，当然少不了它的生身父母，但是，肩负更大责任的却是它们的主人。因此，要判断幼犬是否来自一个不错的家庭，我认为最好的办法就是认识一下它的两组"家长"——它们的生身父母，还有一直照顾它们的主人。

考虑到很多狗狗的主人会从一开始就给狗狗配种，让其繁殖后代，因此，更可能的是找到母犬，看看她的性格、脾气，以及一些行为，以此来判断你要收养的幼犬的性格特征。如果你能够见到幼犬的父亲，那就更好了，一般来说，它就是幼犬长大后的样子了。

注意狗狗主人的态度也同样重要，他或她的态度也能够透露不少信息。除此之外，你还要注意，狗狗所在家庭是不是井然有序，狗狗主人对待狗狗的态度如何。狗狗的主人对于前来收养幼犬的新主人质问的越多，就越能说明他或她有责任心，因此，如果你感觉你遭遇了狗狗主人喋喋不休的质问，甚至难以招架，那你可真要庆幸了。如果是我，对于将要收养幼犬的人，我也会尽可能多地提问，只有这样，我才能更好地了解他或她的情况。这就像人类的收养协会一样，信誉好的狗狗饲养者，当然还有注册的营救中心，对于"孩子"即将受委托照顾的地方都会非常谨慎。好的狗狗饲养者对于无辜的小生命都充满了责任心，他们希望能够充分了解幼犬即将到达的家庭，他们会询问这个家庭的具体细节。

- 白天家里是否一直有人可以照顾狗狗？

- 家里是不是有很多小孩子？

- 他们是否已经有了类似的狗狗，或者说之前是否有过养狗经历？

- 未来的主人有没有考虑即将收养的狗狗其品种是否适合他们的家庭？

如果狗狗的饲养者或营救中心提出以上问题，那么你可以看作是一种正面的信息。如果他们不问问题，那么说明他们只关心交易，而不会关心狗狗的生活，若真是这样，你就要当心了。

同样的道理，负责任的狗狗饲养者也会乐于回答狗狗未来的主人向他或她提出的问题。他们乐于向狗狗的新主人提供任何关于狗狗过去的信息。比如说，狗狗的品种、年龄、最喜欢的食物和玩具等等。以下就是关于可以提出的问题的建议。在此，我要再次强调，如果有人对于回答问题比较含糊或者不乐意回答，那么狗狗的新主人就要警惕了。

需要向狗狗的饲养者或营救中心提的问题

- 能不能提供一下狗狗的背景信息？

- 它的父母亲（如果知道的话）是怎样的狗狗？我可以见见它们吗？

- 狗狗多大了？

- 它最喜欢的食物是什么？

- 什么时间喂它，大概喂多少合适？

- 它最喜欢的玩具是什么？

- 狗狗之前做过哪些医疗检查？
- 有没有进行过除虫？
- 有没有注射过疫苗？
- 有没有检查过眼睛？
- 有没有发现过任何健康问题？
- 按照喂养标准，有没有什么必要的程序？
- 狗狗的父母有没有什么遗传方面的问题，这个问题会不会传给狗狗？
- 我能不能看看狗狗的品种文件？

狗狗的新主人一定要特别注意有些品种的遗传疾病。比如说，骑士查理王猎犬就容易患有心脏方面的疾病；像矮脚长耳猎犬和腊肠犬这种长背狗狗容易出现背痛及椎间盘突出等问题。如果你准备养一只德国牧羊犬或者拉布拉多犬，那一定要注意髋关节发育不良等问题，这是一种基因问题，因此，狗狗有可能出现髋关节部位的球状关节与窝状关节畸形，这些关节甚至根本不存在。如果狗狗身体出现这种问题，它会非常疼痛，髋关节会完全受损，负责任的狗狗饲养者一定会密切关注的。狗狗长到一岁时，要定期去做 X 光片检查，医生也会提供一份狗狗的"髋关节分数"——这个分数从 0（即髋关节很健康）到 18 分不等，有的甚至更高，分数高说明狗狗不应该再繁殖下一代了。如果狗狗的髋关节发育不良，在狗狗一岁前也会有症状，因此，狗狗的主人一定要多留意狗狗的走路姿势，看看是不是很吃力。

因此，要在充分知情之后做出合适的选择，狗狗的新主人就要多研究一下他们感兴趣的品种。通过育犬协会或其他类似的机构就可以进行，你也可以询问相关的专家。这个工作再怎么重视都不过分。就像购买其他物品一样，比如说，购买房子或者车子，谁都会在购买前做足工作。如果选择一只狗狗，那就意味着你在为家里选择一位新成员，这位新成员很可能陪伴你 12 到 14 年的时间。因此，选择狗狗千万不可掉以轻心哦。

不同品种区别对待：不同的狗狗对主人会有哪些不同的要求

几百年来，人类对狗狗实行选择性育种，因此，到了今天，狗狗的种类可谓让人眼花缭乱。除了它们的基本共性之外，每一种狗狗对于主人还有特别的要求。有些狗狗比其他狗狗需要更多的锻炼，有些则需要花费更多时间理毛，还有一些寿命很短，衰老比其他狗狗就快很多，相关的医疗耗费也就在所难免了。狗狗的大小也是需要考虑的因素之一。体型大的狗狗需要有足够的空间让其活动。如果想要养只狗狗，那么以上这些因素都要考虑。

不同种类的狗狗对于饲养者的要求大致可以分为以下几大类：

身体需求

有些狗狗比起别的品种更加喜欢运动，精力也更为旺盛。比如说，枪猎犬或运动犬就需要更多的锻炼。毕竟史宾格犬、波音达猎犬，以及雪达犬本来就是用于狩猎的，因此，在狩猎的时候也就能够跑更长的时间。由于人类对其多年有目的的育种，它们需要潜入水中巡回猎物或者追逐鸟类，因此，它们也就更喜欢水了。同样的道理，牧羊犬相较于其他的种类，就更容易被其他动物吸引，也会本能地去放牧。并不是每一位柯利犬或德国牧羊犬的主人都有很多羊需要狗狗帮忙，但是，他们确实要为狗狗相当多的能量准备好合适的释放方式。它们的主人要有足够的时间陪它们锻炼和玩耍才行。

与之不同的是玩赏狗，它们不需要太多的锻炼，因此，它们会乖乖地陪着主人，给主人温暖，比如说，吉娃娃、京巴、博美、玛尔济斯犬等等。

空间需求

狗狗的体型大小是需要考虑的因素之一。观赏犬不会占据太多空间，大型的工作犬则需要不少空间。如果它们恰巧又比较活跃，那么就可能会给主人狭窄有限的空间带来问题了。当然了，每个人都有权拥有他们选择的品种，不过，在选择之前首先要考虑狗狗对于空间的要求。

理毛需求

狗狗天生就是爱干净的动物，而且对它们的卫生状况很是关注。因此，有些品种的狗狗根本不需要主人为它理毛。像拉布拉多寻回犬或大丹犬等毛皮比较光滑的品种，和其他品种相比，对于理毛的需求就比较低。和它们不同，有些品种的狗狗就是为了观赏的，因此，它们的毛发格外长，也需要特别打理。比如说，阿富汗猎犬、西班牙猎犬、古代英国牧羊犬、卷毛比熊犬、狮子犬等等。梗犬还需要"用手梳理"，以便保持其毛皮的美观。

医疗需求，以及与其寿命相关的其他需求

不同的狗狗平均寿命也各不相同。一般来说，工作犬体型都比较大，因此，它们的寿命相对于其他品种也就更短。而体型较小的观赏犬则更容易长寿。寿命较短的狗狗与寿命较长的狗狗相比，需要医疗护理的时间也就相应更早。狗狗年龄较大后，去看兽医的频率会越来越高。如果狗狗的寿命最长为七年，那么和寿命 15 年，甚

至15年之上的狗狗相比，步入老年的时间也就难免会提前很多。它们的主人一定要能够直面这种挑战才行。

不同的品种，不同的需求

下面这张表格具体介绍了七种不同的狗狗各自的需求：

关键词：

体型：小型（S）；中型（M）；大型（L）；超大型（X）

理毛及锻炼：几乎不需要（L）；适量（M）；大量（C）

寿命：平均9年以下（A）；平均9~15年（B）；平均15年以上（C）

不同品种·不同需求

常见狗狗的不同需求

种　　类	体型	理毛需求	锻炼需求	寿命
猎犬 / 运动犬				
英国赛特犬	L	M	C	B
德国长毛指示犬	L	M	C	B
德国短毛指示犬	L	L	C	B
德国钢毛指示犬	L	M	C	B
哥顿塞特犬	L	M	C	B
匈牙利威斯拉犬	L	L	C	B
爱尔兰红白蹲猎犬	L	M	C	B
爱尔兰长毛猎犬	L	M	C	B
指示犬	L	L	C	B
寻回犬（切萨皮克湾）	L	M	C	B
寻回犬（卷毛）	L	M	C	B
寻回犬（平坦皮毛）	L	M	C	B
寻回犬（金毛）	L	M	C	B
寻回犬（拉布拉多）	L	L	C	B

种　　类	体型	理毛需求	锻炼需求	寿命
西班牙猎犬（美国可卡犬）	M	C	M	B
西班牙猎犬（可卡犬）	M	C	M	B
西班牙猎犬（英国史宾格犬）	M	M	C	B
西班牙猎犬（田园犬）	M	M	C	B
西班牙猎犬（爱尔兰水猎犬）	M	M	C	B
西班牙猎犬（苏塞克斯猎犬）	M	M	C	B
西班牙猎犬（威尔士史宾格犬）	M	M	C	B
西班牙水猎犬	M	M	M	B
德国魏玛猎犬	L	L	C	B
工作犬				
阿拉斯加雪橇犬	L	C	C	B
伯尔尼兹山地犬	X	M	M	A
法兰德斯牧牛犬	L	C	C	B
拳师犬	L	L	C	B
牛头獒	L	L	C	B
加拿大爱斯基摩犬	L	M	C	B
杜宾犬	L	L	C	B
德国宾沙犬	M	L	M	B
巨型雪纳瑞犬	L	C	C	B
大丹犬	X	L	C	A
獒	X	L	M	A
纽芬兰犬	X	C	C	B
罗特韦尔犬	L	L	C	B
圣伯纳犬	X	C	M	A
西伯利亚雪橇犬（哈士奇）	L	M	C	B
梗犬				
艾尔谷犬	L	C	M	B
澳洲梗犬	S	M	M	B

种　　类	体型	理毛需求	锻炼需求	寿命
贝林登梗犬	M	M	M	B
博德猎狐犬	S	M	M	B
斗牛犬	M	L	M	B
斗牛犬（小型）	M	L	M	B
凯恩犬	S	M	M	B
猎狐小犬（毛发光滑）	M	L	M	B
猎狐小犬（硬毛）	M	C	M	B
爱尔兰梗犬	M	M	M	B
凯里蓝梗犬	M	C	M	B
湖畔梗	M	C	M	B
诺福克梗	S	M	M	B
帕森斯杰克罗素梗	M	L	M	B
苏格兰梗犬	M	C	M	B
匐犬	M	M	M	B
斯塔福郡斗牛犬	M	L	C	B
威尔士梗犬	M	C	M	B
西高地白梗	S	C	M	B
猎犬 / 赛犬				
阿富汗猎狗	L	C	C	B
巴辛吉	M	L	M	B
矮腿猎犬	M	L	C	B
比格犬	M	L	C	B
侦探猎犬	L	L	C	A
波尔瑞	L	M	C	B
达克斯猎狗（长毛或硬毛）	M	M	M	B
达克斯猎狗（中长毛或硬毛）	S	M	M	C
达克斯猎狗（毛发光滑）	M	L	M	B
达克斯猎狗（毛发中等光滑）	S	L	M	C

种　类	体型	理毛需求	锻炼需求	寿命
挪威猎鹿犬	L	M	C	B
猎狐犬	L	L	C	B
格雷伊猎犬	L	L	M	B
爱尔兰猎狼犬	X	M	C	A
法老王猎犬	L	L	C	B
罗得西亚脊背犬	L	L	C	B
萨卢基狗	L	M	C	B
小灵犬	M	L	C	B
田园犬 / 牧羊犬				
安那托利亚牧羊犬	L	M	C	B
澳洲牧牛犬	M	L	M	B
澳洲牧羊犬	L	M	C	B
古代长须牧羊犬	L	C	M	B
博德牧羊犬	M	M	C	B
柯利牧羊犬（皮毛粗糙）	L	C	C	B
柯利牧羊犬（皮毛光滑）	L	L	C	B
德国牧羊犬	L	M	C	B
古代英国牧羊犬	L	C	C	B
比利牛斯山犬	X	C	M	A
比利牛斯山牧羊犬	M	M	M	B
萨摩耶犬	L	C	C	B
喜乐蒂牧羊犬	M	C	M	B
威尔士矮脚狗（柯基犬）	M	L	M	B
威尔士矮脚狗（彭布鲁克小狗）	M	L	M	B
观赏犬				
艾芬杜宾犬	S	M	L	B
澳洲丝毛梗	S	M	L	B
卷毛比熊犬	S	C	L	B

种　类	体型	理毛需求	锻炼需求	寿命
查理士王小猎犬	S	M	M	B
吉娃娃（蓬松毛发）	S	M	L	B
吉娃娃（光滑皮毛）	S	L	L	B
英国玩具犬（黑色有棕色斑点）	S	L	L	B
玛尔济斯犬	S	C	L	B
迷你杜宾犬	S	L	L	B
蝴蝶犬	S	M	L	B
京巴犬	S	C	L	B
博美犬	S	C	L	B
八哥犬	S	L	L	B
约克郡犬	S	C	L	B
工作犬				
秋田犬	L	M	C	B
波士顿犬	S	L	M	B
英国斗牛犬	M	L	M	A
中国松狮犬	L	C	M	B
斑点犬	L	L	C	B
法国斗牛犬	S	L	M	B
德国绒毛犬（狐狸犬）	S	C	L	B
德国容貌犬（中型狐狸犬）	M	C	L	B
日本柴犬	M	M	M	B
日本银狐	M	C	M	B
拉萨阿普索犬	S	C	L	B
墨西哥无毛犬	M	L	M	B
迷你雪纳瑞	S	C	M	B
狮子犬（小型）	M	C	M	C
狮子犬（标准体型）	L	C	C	C
狮子犬（观赏型）	S	C	M	C

种　　类	体型	理毛需求	锻炼需求	寿命
雪纳瑞犬	M	C	M	B
沙皮犬	M	L	M	B
西施犬	S	C	M	B
西藏猎犬	S	M	M	C
西藏梗	M	C	M	B

选择幼犬

你已经选择好了狗狗的品种，也找到了好的饲养者或营救中心，那么现在就该挑选一只幼犬带回家了。一位负责的狗狗饲养者会简明扼要地告诉你幼犬的性格特征，也会帮助你选择出最适合你的生活方式的那只。如果新主人想要一个安静的伙伴，那么他们绝对不会推荐一只精力旺盛的外向型幼犬；同样的，如果新主人会经常带着狗狗到室外，活动很多，那么他们也绝对不会推荐一只安静害羞的小家伙。如果狗狗的性格和它们主人的生活方式不相符那就比较糟糕了。

当母犬产下多只幼犬时，每只幼犬的大致性格特征很快就会有所体现。母犬哺乳时，性格比较强硬的幼犬总是会占据最好的位置，而性格较弱的就难免被踢开，不得不为了口粮而与其他幼犬争斗了——这也是生存所需。不过，狗狗的性格特征远远没有争夺最好的吃奶位置那么简单，这需要我们稍做研究。当幼犬们初成长之后，在五到六周的时候，我们就可以进行一次关于性格的简单测试了，这个测试将会给我们的很多问题提供答案。

关于如何给狗狗进行性格测试的理论有很多。不过，其中很大一部分都比较原始，比如说，有些人提议夹痛狗狗，看看它们有何反应。我觉得真的没有比这个再糟糕的了。看看下面三种简单测试吧，无需任何暴力或残忍的行为，你就可以从中找到需要的信息了。

通过观察来测试

关于性格的信息很早就会有所表现了。观察一下，看看哪只幼犬最先找到母犬的奶头，哪只会被推搡到队伍的最后，你就可以区分它们中谁有支配欲，谁比较害羞和怯生了。离开母犬的怀抱之后，这种性格特征依然会继续。当幼犬们一起玩耍或相互交流时，你会发现，有些幼犬会从其他幼犬那里夺走玩具。是不是还有幼犬只坐在那儿，看着其他幼犬玩耍呢？你很快就会发现，坐着的这只幼犬是个爱思考的家伙，在行动之前它总是会权衡一下自己的选择。

肢体语言也会反映出幼犬的性格特征，比如说，有些幼犬会把自己的身体压在它认为不如自己的幼犬的身体之上，以此来维护自己的地位。当然了，只通过眼睛观察没有办法获得所有信息，除了观察之外，我们还可以通过一些身体测试来进一步完善我们的信息。

放在掌心或手中测试

这种测试方法是为了看看幼犬对于身体被提升时的反应。当然，它们很可能对于身体被提升已经习惯了，不过，每一次对于身体被提升的反应还是很能说明问题的。

让幼犬离开地面，把它放在手掌上（如果幼犬体型较大，那就放在两只手掌中），保持十秒钟左右。

- 如果幼犬尝试着在掌心蹒跚挪动，那就说明它的性格特征比较悠闲。
- 如果它立刻挣扎，这就说明它更为倔强，更可能挑战你，也可能说明它比较容易紧张。

- 如果它在掌心上稍等片刻然后才开始挣扎，这就说明它在行动之前会先思考。

让幼犬仰面朝上

这种测试方法是为了观察幼犬对于让其仰面朝上的反应。和掌心测试一样，这个测试也不要持续太久——最多十秒钟就够了。

把幼犬轻轻托起，然后小心地放在你的臂弯中。两只手各托住幼犬的一侧，然后将其抱起，让其仰面躺在你的臂弯里。根据对于这一测试的不同反应，我们将幼犬的性格特征分为五种类型：

挑衅者

有些幼犬不愿意你这么做。你刚把它们翻过身来，它们就会回去，不管你尝试几次，它们的反应都一样。这样的幼犬长大后性格比较强硬，是整个群体中的领导者，它会一直维护自己的领导地位。

反抗的斗士

这种幼犬一开始会和你对着干，但是，最终会妥协，会极不情愿地仰面躺着。这样的幼犬长大后也会有些问题，不过，如果训练得当，它们也会很棒。

思考者

有些幼犬一开始会很情愿地躺下来。几秒钟之后，它们就会挣扎着想翻身。这就说明，这类狗狗一开始会权衡整个情形，然后再做出决定。也就是，它们不喜欢这种姿势，因此随后做出了调整。这种狗狗勇气和智慧都可嘉。

超级冷静者

有些幼犬对于被迫仰面朝上根本毫无反抗，它们就那么软绵绵地躺着。这种狗狗是比较从容悠闲的家伙。如果训练得当,它们一般来说根本不会给主人带来任何麻烦。

神经过敏者

有些幼犬会蜷缩成一团。这就充分表明它们很紧张。有这种反应的狗狗听到噪音或面对陌生的环境时很容易焦虑,它们甚至可能会大小便失禁。如果发现幼犬是这种性格,你一定要在今后的生活中多加留意,适当地做出反应,只有这样,才有望避免问题出现。

你选择的狗狗其性格特征一定要与你的生活方式相适应,不管你是在喧嚣的城市,还是在安静的村庄,都是如此。在狗狗刚来到你家,刚刚接触新的环境时,你都会感觉有各种各样的困难和麻烦。

狗狗的陪伴

狗狗和人类一样,也会慢慢建立家庭价值观。一般来说,它们在家时总喜欢有个伴儿,不管是人类还是它们的同类。这种社会化的天性还是源自遥远的过去,也就是它们刚刚与我们的祖先形成共同的群体时。不过,狗狗的社会化特征远不止如此。为什么人类会在众多动物种类中选择狼进行家养驯化呢?是不是它们比其他的动物更适合作为伙伴呢?这确实是值得思考的事情。

如果你家里已经有一只狗狗,现在还想养一只,那么一定要事先做好计划。将一只八周左右的狗狗放在年龄相同的群体中相对来说比较容易,如果让它和一只年龄稍大的狗狗相处那就比较困难了。把一只九个月大的狗狗带回家,和把一个调皮的 12 岁小孩带回家没什么两样。年龄更大的狗狗尤其如此,它们可能不会喜欢自己的平静和安宁受到打扰。

除此之外,还有其他一些因素要考虑,比如说,狗狗可能会发现,它们很难读懂和它们不同品种的同类的信息。一只观赏型贵宾犬和一只爱尔兰猎狼犬可能最终会共处一家，但是，由于它们体型等各方面的巨大差异，在它们适应彼此之前难免有很多摩擦。在本书的下文中有更多关于让狗狗理解同类发出的信息的介绍。

考虑到以上种种原因，我们最好尽快让狗狗适应新主人的家庭。如果你可以把家里已有的狗狗带到即将收养的八周大的幼犬的饲养者那里，让它们在那里相处一下就再好不过了。这种做法有很多好处，从地域上来说，饲养者那里算是中间地带。这样的话，新来的狗狗就可以在了解它、能够控制它的人那里逐渐适应。最重要的是，如果它们见面多次后，仍然有明显的摩擦和冲突，那么幼犬的新主人就要再次考虑了。

本书下文中有更多关于将幼犬介绍给家里其他狗狗的信息。

大多数的狗狗主人都会在幼犬八周大时将它们带回家。这也是幼犬从它的小群体转移到真正的人类环境的最佳年龄。我们已经说过，称职的饲养者在幼犬八周时就完成了其断奶、吃固体食物、大小便等训练。他们将会通过触摸、和其玩耍，让幼犬能够识别自己的名字，以便更好地融入人类社会。现在，要由你来接手以后的工作了。

让你的新狗狗轻松自在

THE PUPPY
LISTENER

Understanding and
Caring for
Your New Puppy

　　8 到 12 周的幼犬就相当于四岁大的孩子，因此，它的需要也和四岁大的孩子一样简单。首先，也是最为重要的，它需要知道自己是非常安全的。在这个阶段，狗狗会有很多潜在的恐惧。比如说，大的声响、奇怪的味道、不熟悉的面孔，面对外界有时出现的让它困惑的声音或景象，它需要知道有人在保护它，它是安全的。对于刚刚离开自己的妈妈和兄弟姐妹，刚刚来到新家庭的幼犬来说，这种需要尤为明显。

　　当幼犬慢慢地探索周围的环境时，它需要理解充满刺激的新环境是如何运作的。它需要知道它的活动边界在哪里，哪些行为是可以接受的，哪些行为是不可以接受的。如果离开了妈妈，它需要在人类世界中寻找新的"家长"或者保护者。而能够完成这些角色的只有它的新主人，还好，他们彼此配合良好。新的主人以正确的方式扮演着家长的角色，因此，他或她也就成了幼犬的保护者。

　　狗狗的性格在最初八周，和它的兄弟姐妹相处的时候就已经形成了。不过，我们知道，性格的形成除了先天遗传，还有后天培养。后天的培养从出生就已经开始了，但是，真正的后天培养是从幼犬来到新家，开始融入人类生活时。

幼犬的需要

幼犬要成长为一只完全适应环境的快乐狗狗，都有哪些需要呢？它现在问的问题，尤其是刚刚到达新家庭时间的问题，是绝大多数八周大的狗狗都会问的问题。

首先是最基本的生存需要。睡觉、吃饭、玩耍，以及大小便的地方。此外，它还需要它的主人喂它食物，带它锻炼，并且告诉它周围的世界是如何运转的。当然了，在这些需求之前，幼犬的第一需求是要确保自己的安全，要确保周围没有什么让它们害怕的事物。当它适应新环境之后，它就会进一步寻求舒适和安全。

当幼犬确定自己的安全之后，它就会开始探索整个新的环境，并且试图了解它的新环境，知道哪些地方安全，哪些地方不安全。因此，幼犬会问自己一些关键的问题：

- 在不给自己带来危险的前提下，我可以去哪些地方，可以做哪些事呢？
- 现在谁来保护我呢？
- 在这个新的大集体中谁是当家做主的呢？
- 在这个集体中我处在什么位置呢？

在和自己的兄弟姐妹相处时，幼犬不会担心自己的安全问题，因为它知道它的妈妈会保护它。在新的家庭里，狗狗会尝试弄清楚整个状况，以便让自己再次感觉安全。一开始它并不知道怎样才能找到安全感，因此它必须探索、调查，尽快熟悉一切。当然，在这个过程中，它难免犯错。

第一个 48 小时

对于八周大的狗狗来说，离开妈妈和兄弟姐妹确实是很悲痛的经历。它要步入一个到处都是另一生物种类的世界，到达一个让它不安的陌生地方，在那里，每个人都在说着它无法理解的语言，他们遵从的行为规则它也是没有任何概念的。另外，新的地方到处都是不熟悉的现象、声音和气味。不难理解，这样的情况任何生灵面对时都会感觉无助和崩溃。新主人在幼犬到达家中之后，要做的最重要的一件事就是尽可能确保第一个 48 小时是无任何创伤的。

有些狗狗能够立刻适应新的环境。它们刚刚进门不久，就开始到处乱跑了。也有一些狗狗，适应新家的过程比较漫长，因此，你必须为各种可能的情况做好准备。

狗狗的适应过程可能从它到达新家的那一刻就开始了。你应该做的第一件事，就是在狗狗刚到你家时就带它到外面大小便。大小便之后，你可以奖励给它一些小零食，比如小肉条之类的东西。同时也可以说一些鼓励的话，比如，"真棒"或者"真干净"等等。当然，轻轻抚摸一下狗狗的头或颈部也是可以的。这样，你们就有了一个好的开始。

接下来就要让狗狗熟悉它的新环境了。让它自由自在地在家里漫步，你不想让它去的地方就直接挡起来。在这个过程中，你应该给它一些情感信号，比如说微笑或者让它感觉安心、感觉友好的话语。不过，一定不要溺爱狗狗。如果现在溺爱，那么以后就很难驯服了。

狗狗在你家吃的第一餐应该尽可能跟之前在饲养人或营救中心那里的一样，任何对之前经历的延续都会受到狗狗的欢迎。当然了，同样的食物是最可能让它感觉舒适的了，因此，新主人应该延续狗狗之前的食谱，至少要等狗狗稍微适应新环境之后再更换，这一点很重要。

负责任的饲养者应该能够写出一份狗狗的食谱清单，上面有狗狗的食物种类、分量，以及进食时间。即使你不喜欢这份食谱，也最好先延续几天。因为离开了自己的妈妈，来到了一个完全陌生的环境，年龄较小的狗狗一开始往往会有肠胃不适的症状，甚至会出现腹泻。这个时候突然改变其食谱只会让情况更加糟糕。

如果你准备改变狗狗的食谱，一定要等狗狗在新家感觉舒适之后才可以。而且食谱的更改要逐步进行，如果可能，最好持续三到四天，当然，这个时候适应期的紧张一定已经过去了。本书第五章会有关于狗狗喂食的建议。

狗狗来到新家的第一个晚上尤为困难。黑黑的屋子，到处都是奇怪的形状和声音，这会让狗狗极其不安。因此，最好让它睡在你的旁边。有些人会更加极端，他们让狗狗和他们睡在同一张床上。并不是每个人都适合这么做的，不过，在你床边放一个篮子，里面铺上柔软舒适的毯子，让狗狗可以闻到你的气味，可以听到你的声音，可以看到你，倒是个很好的选择。在狗狗容易够到的地方放一只装满水的碗。如果你不想让它在你的卧室，你也可以陪着狗狗在楼下的沙发上。这种情况最多只能做一到两次，不要让狗狗养成这种习惯。不过，在第一个 48 小时中，一定要确保狗狗可以找到你，一定要陪着它，让它感觉安全，感觉到在新的环境中可以受到保护，这一点十分重要。

如果在它之前待过的地方带回来一些小物品，那么对于狗狗适应新环境来说是很有帮助的。哪怕只是从它曾经睡觉的地方带回来一块布，对于狗狗来说，熟悉的感觉也会像保护伞一样。带一件它最爱的玩具也是不错的选择，当然了，前提是饲养人允许你这么做。

这样一来，从原来的地方搬到新家对于狗狗来说就没有那么紧张了。

把幼犬介绍给家里的其他狗狗

如果你已经让新来的幼犬见过家里的其他狗狗，那么在这一步上你就领先了。如果没有，你可以事先准备其他狗狗的一件玩具放在车上让新来的幼犬玩一玩，这样到家之后，其他狗狗就可以熟悉新成员的气味了。

如果家里的狗狗只有到新成员到家的那天才能见面，那么这个介绍的任务必须是第一天的重中之重的事情。狗狗的主人必须选择一个比较中立的地点——要尽量避免家里的狗狗熟悉的地方。此外，你还需要另外一名训练者的帮助——他或她要么照顾新成员，要么照顾家里的狗狗。

如果家里养了不止一只狗狗，那么主人应该向新成员一一介绍。关键的一点是确保新来的狗狗认识家里的狗狗时，它们在身份地位上是彼此平等的。如果新来的狗狗是用链子牵着的，那么家里原来养的狗狗也应该用链子牵着。如果一只狗狗得到了玩具或食物奖赏，那么其他的也应该得到相同的奖赏。这对于强化你在狗狗中间的地位也颇有益处。

虽然狗狗们应该彼此认识，但是，牵着它们的时候，最好还是让它们彼此之间有些距离。最重要的是不要感觉恐慌。它们会相互打量，如果它们呜呜地叫，甚至大声咆哮，你也不要过于紧张。要放松，你的放松就让狗狗明白了你从容不迫的领导能力和地位。最后，狗狗们会喜欢彼此之间的相处的。如果我们给狗狗足够的时间和空间，即使它们彼此再怎么不相配，也会建立友谊的。

一旦狗狗之间建立了良好的关系，你就可以让它们更近距离地

THE PUPPY
LISTENER

最好的朋友：恰当地将它们介绍给彼此，它们就会成为好伙伴。

接触了。最后，它们会打成一片，一起玩耍的。这是世界上再自然不过的事情了，你只要听之任之就好。它们彼此玩闹的时间越长越好。不过，最终你还是要把它们都带回家的。也就是说，它们要同在一辆车上，或者是其他的交通工具上。

如果之前养的狗狗不愿意上车，那么主人就让新来的狗狗先上。如果中途紧张的局面再次出现，新来的狗狗就应该放到另一个座位上。本书下文有关于狗狗在车内适当位置的建议。

到家之后，狗狗们也必须保持身份地位的平等，每只狗狗都应该用链子牵着。如果要放到花园里和彼此玩耍，那也要同时，不过，将它们放到花园里的整个过程都要有人监督。

当然了，很有可能两只狗狗不会立刻彼此相融。如果它们可以做到，那么从第一天晚上开始就可以让它们睡在一起。如果它们彼此争执不断，那么就一定要把它们分开。

这一原则在接下来的几天甚至几周内都适用。如果它们彼此相处愉快，那么就可以让它们待在一起；如果它们彼此总是出现摩擦，就要让它们分开。一定要足够谨慎，也要有足够的耐心。

多数情况下，一只八周大的狗狗在 48 小时之内会适应新的环境，但是，也会有一些狗狗无法融入新环境，因此，主人们应该足够谨慎才好。一开始的几天一定要给新来的狗狗以及家中原来就有的狗狗各自独立的空间。狗狗进食的时间也要小心谨慎，这个时候它们之间也有可能出现冲突。

属于它的独立空间

狗狗有属于自己的独立空间很重要，当必要时它可以退回到自己的空间，以此来保护自己。这块独立的空间并不需要太大——粗略而简单的衡量方法就是狗狗侧身躺下后周围还有大约半米的空隙。当它将身体完全伸展开时，也应该有足够的空间剩余。另外，狗狗的小窝要温暖、能够隔热，还要相对安静。

我们可以做出的选择有很多，比如说：

- 适合多只幼犬的笼子。很多幼犬似乎更喜欢封闭的、临时空间。狗笼就是不错的选择，狗笼还有一个优点，那就是便携，且可以很容易地放到车子的后面。如果狗狗的某些行为确实需要惩罚，那么狗笼这时就相当于儿童的卧室了，你可以让它在那里

没有哪里可以和家比：
狗狗需要一个安全、舒适、
快乐的新环境。

闭门思过。不过，狗笼不可以作为狗狗的主要住所，我们也不应该把狗笼做此用途。我们不能只图方便而强行把狗狗关在笼子里。如果狗狗适合放在笼子里，那当然是另一回事了。在没有适当的原因的前提下，是不能把狗狗随意放到笼子里的。

- 带有一块场地的狗舍对于主人们来说也是不错的选择。比起笼子，这样的狗舍可以让狗狗在户外的自然环境下独立自由地锻炼自己。

- 各种各样的篮子也可以使用，从柳条篮到昂贵的手工编织"名牌"篮子都可以。不过，使用篮子的关键不在于人们看着是否美观，而是能够给狗狗提供足够的空间，让狗狗感觉舒适。

- 狗狗不需要太贵的篮子、狗笼或狗舍。自己用板条箱做的小狗窝，铺上柔软的垫子，也同样可以成为狗狗安全、舒适的港湾。

如果想让狗狗的家舒适，有一个小窍门可供参考：将家里成员穿旧的衣服铺在狗狗的小窝里。这样不仅会让狗狗保持温暖，而且也会让狗狗感受到它主人的味道，让它有更多的安全感。

大小便的地方

如果狗狗大小便的地方让它感觉开心、自信，那么它就能更好地适应新环境了。如果不能，那么狗狗很有可能给主人带来麻烦。

如果饲养者很负责，那么八周大的狗狗应该是接受过大小便训练的了。这样的话，你只要找一块适合狗狗大小便的地方就可以了。一般来说，室外的土地上会比较好，因为排泄物可以直接被土地吸收掉。选择狗狗大小便的地方时，有三个关键的因素要考虑：

- 尽可能让狗狗容易到达。如果是在室外，狗狗需要首先被放出去才能排便，那么一定要留意它的排便习惯。比如，每天早晨第一件事就是开门把狗狗放出去，还要学会读懂它想要出去时的表现，比如说，在门附近转悠。

- 选择的地方要尽可能地远离狗狗的睡眠区。在这一方面，狗狗和人类没什么两样。试问，谁想紧挨着抽水马桶睡觉呢？

- 如果狗狗大小便的地方在室内，那一定要定期进行清理，保持其清洁卫生。

如果狗狗来到新家之前没有进行过大小便训练，那到达新家之后就要立刻开始了。你要在狗狗一到家之后就带它去你事先选择好的地方。当狗狗大小便的时候和狗狗待在一起，如果它在你选择的地方进行大小便了，可以表扬一下它，比如"好啦，干净啦"，"真是只干净的狗狗"等等。

和这个阶段的其他细节一样，训练狗狗大小便的关键也是要耐心，千万不要弄巧成拙，节外生枝。如果狗狗在其他地方不小心大小便了，你只要清理干净就好，不用说什么。反过来说，如果它一直都在合适的地方大小便，那么一定不要吝啬你的表扬，也可以奖励给它一些小美味。

要教会狗狗早晨的第一件事就是去大小便，不要弄得手忙脚乱。打开通往花园的门或者其他通往狗狗大小便地方的门，让狗狗排便。当它做好了必须要做的事情之后，要奖励一下它。

每次进食之后都

应该如此，每次小睡之后醒来也是一样。要鼓励狗狗出去，当它做了应该做的事情之后，要给予奖励。

我之前说过，搬家的紧张情绪会让狗狗出现肠胃不适，甚至会出现腹泻。狗狗可能会因为腹泻而脱水，甚至出现其他严重的情况，如果这种情况持续超过 24 小时，那就要尽快和兽医取得联系了。

禁止入内的区域

家里肯定有些地方是狗狗不可以去的。比如说，浴室、卫生间、书房、餐厅等地方，主人都不太希望狗狗前往。关键的一点是尽早确定哪些地方是狗狗不可以去的。家里的每位成员都要清楚"狗狗禁止入内"的区域，并且不断强化这一规则。

很明显，能够确保狗狗不蹚入禁止入内的区域的最好办法就是把门关上。如果它找到了进入的方法，你要悄悄地将它抱走，尽量不要大惊小怪。狗狗很可能只是想跟着你而已，尤其是在刚到家里的 48 小时。基于此，你可以使用折叠门，这样一来，厨房和走道就可以分开，而且这种方法对于狗狗和主人都很有效：一方面，主人可以一直注意狗狗；另一方面，狗狗也可以随时看到它的新主人。

唯一需要注意的就是折叠门上的空隙。如果折叠门上是横杆，那么一定要确保横杆之间距离够大，这样狗狗在玩耍的时候，才不会把头卡在里面。

还有一些人倡导说狗狗不应该攀爬家里的家具。其实这也没什么不妥。要注意的是，狗狗必须在你同意的情况下才能爬上椅子或沙发，它不能擅自攀爬。如果在没有你允许的情况下，它跳到了椅子或沙发上，你只要安静地把它挪开，不要大惊小怪，然后，你再邀请它，让它过来。这是建立领导原则的重要一步，这一点我们会在第六章详细讨论。

确保花园的绝对安全

如果你有一个花园，那么这里肯定是狗狗活动的重要区域。它会在这里大小便，会在这里玩耍，最后，它也会在这里学习一些必要的自控，以便为出门散步做好准备。和家里一样，确保花园的绝对安全很重要。墙上、门上一定不要有大的空隙，以免狗狗挤在中间。和折叠门一样，你要确保花园里任何地方不会让狗狗卡到。考虑到狗狗来到一个新环境，在其适应期间，如果看到有凹槽、有洞穴，它很可能会用头去试一试，因此，你要为最坏的可能做好准备，防患于未然。

新家的气味

如果狗狗之前的饲养人比较专业，同时狗狗又有较强的适应能力，那么适应新环境相对来说就比较容易了。它可能已经熟悉了人类环境的气味、声音，以及各种现象。然而，如果它之前没有受到很好的照顾，比如说，出生后的八个月，它一直被关在狗狗农场的小屋子里，那么它就会觉得现在的体验有些让它应接不暇了，当面对新的刺激时，它可能会恐惧、焦虑。

狗狗的嗅觉比人类灵敏100倍，大脑负责嗅觉的区域也是人类大脑负责嗅觉区域的 14 倍。这就是说，如果在自然环境下，它们在一公里之外就能闻到猎物的气味了。难怪我们会充分利用狗狗的这一能力来侦查毒品或炸药了。最近的一些研究表明，狗狗可以嗅出人类的某些癌症，有助于这些疾病的早期诊断。

嗅觉是狗狗获得的第一种感觉，因此，八周大的幼犬就已经会四处闻一闻，以此来了解它的新世界了。在新家，它会把小鼻子伸向每一个角落，因此，主人们应该为此做好准备，确保新环境中没有什么狗狗招架不了的味道。如果房子里气味过重，不管是来自烹饪、洗涤液、香烟，还是鲜花，狗狗们都会感觉恐慌。在把狗狗领回家之前，要确保家里的气味比较自然。当抚摸狗狗的时候，也应该尽量避免使用太多香水或润肤露之类的东西。

新家的声音

除了嗅觉，对狗狗们来说，最为重要的就是听觉了。它们的听觉也比人类要敏锐得多。狗狗可以在八公里之外听到成年人的吵嚷声，可以听到地下一两米的小昆虫活动的声音，因此，声响会让他们不安也就不足为奇了。

对于八周大的幼犬来说，来到新的家庭是一次巨大冲击。你想一想，对它来说，整个房子里都是一些奇怪的、难以理解的物品，都会发出奇怪的、难以理解的声音。你一定要尽可能地让狗狗习惯这些声音。如果只告诉狗狗每件物品是什么，绝对是没用的，因为狗狗不会懂得。不过，它能够理解一点：如果你不惧怕那件物品，而且在它心里，你就是它的保护者，那么它也就没理由惧怕了。

如果首次遇到某种物品或声音，狗狗表现出了紧张感。比如说，它看到了吸尘器，那么这种惧怕就要当面解决掉。

要解决这个问题，我们依然可以选择折叠门。这样，你就可以把狗狗安放在特定的区域，同时又可以让它看到你了，慢慢地，它就会习惯吸尘器，并适应它的声响了，门铃、闹钟、电话都是如此。

- 当你准备使用吸尘器时，把狗狗放到折叠门后的厨房里，最好让另一位它熟悉的、信任的人和它在一起。
- 先从离厨房最远的房间打扫。如果狗狗对吸尘器的声音有反应，那么厨房里陪着它的那个人就应该鼓励它，也可以抱着它。不过，不要表现出过多的怜爱，也不要抚摸或者跟它说话。只要抱着它让它安心，让它平静下来，并且明白没有什么好担心的就可以了。
- 第一间屋子打扫干净之后，将吸尘器关掉。
- 然后到另一间屋子里再开始打扫。如果狗狗还是有反应，那就再次安抚它。
- 一直继续该过程，直到用吸尘器清理狗狗所在的房间为止。

这个过程不一定会立刻有用，因此，不要操之过急。反复进行会让狗狗最终理解你传递给它的信息。一般来说，一周左右它的恐惧就会消失。

狗狗玩具

没有什么比玩耍更能安抚狗狗紧张情绪的了，因此，一开始的几天，狗狗有适合的玩具陪着非常重要。有些玩具狗狗随时随地都可以玩，有些则是放在玩具箱子里的，是主人用来训练狗狗使用的。

这些玩具不必花费太多金钱。八周大的狗狗由于牙齿还没有完全长好，因此，它喜欢到处乱啃。我个人认为，一条打了结的旧茶巾或毯子就是不错的选择。

本书下文中有关于和狗狗玩耍的详细建议，还有通过玩耍强化规则的具体介绍。

另外，第八章还有关于应对狗狗行为问题的建议。不过，在这之前，我们应该首先看看关于喂食、训练，以及理毛的基本知识。

05

健康食谱：基本营养素

THE PUPPY
LISTENER

Understanding and
Caring for
Your New Puppy

在狗狗的一生中，健康均衡的饮食很重要，对于幼犬来说，这一点尤为关键。幼犬需要合理的饮食，只有通过合理的饮食，骨骼、肌肉，以及器官才能健康成长。很多狗狗的主人都会把狗狗饮食方面的需求完全交给狗狗食品公司来全权负责，为了让狗狗摄入平衡的营养成分，这些公司大量的产品都经过了科学研究和调查。这样做当然没有什么错，但是，我们应该理解狗狗的理想饮食都有哪些基本营养成分，它们对于狗狗的成长都有什么作用。

俗话说，"人如其食"，这是非常有道理的。健康和身体状况取决于你摄入的食物。如果我们的饮食天然、平衡，包含我们身体所需的营养成分，那么我们生病的可能性就会变小，对于狗狗来说也是如此。如果我们想要维持狗狗的健康状态，我们就要根据其身体特征合理搭配其饮食。因此，要了解狗狗食谱的基本要求，简单地说，我们需要知道狗狗身体的构成，它需要哪些营养成分才能健康地生活。

水分

和地球上其他物种一样，狗狗的生存也是依赖于水。狗狗的身体 70% 都是水分，只有不断地摄入水，狗狗的各身体器官和系统才能正常工作。水的作用有很多，它可以把维生素输送到狗狗身体的

各部分，身体温度较高时还可以让身体降温。因此，不管什么时候，狗狗的身边都应该有干净、清洁的水供其饮用。

蛋白质

狗狗的身体中，除了骨骼之外，大多数组织的主要成分都是蛋白质。毛发、皮肤、尾巴、肌肉中蛋白质都占主要成分。蛋白质是由多种氨基酸、化学成分构成的，这些都是狗狗身体的"基本材料"。有些氨基酸是狗狗身体中本身就有的，而有些则需要从食品中摄入。因此，狗狗从饮食中获得足够的蛋白质很重要，只有这样它才能维持其健康状态，身体才能逐步成长，肌肉才能有足够的张力。到目前为止，蛋白质的主要来源还是肉类，当然，蔬菜、蛋、鱼、谷物，以及奶制品中也有大量的蛋白质。

脂肪

脂肪对于身体来说有两个关键性的作用：为身体提供能量，同时脂肪中含有维持狗狗健康的必需脂肪酸。必需脂肪酸有两种：亚油酸和亚麻酸，它们都有助于维持狗狗皮肤和毛发的健康。同时，必需脂肪酸还有助于预防很多医学问题，比如说，过敏、关节炎、心脏病，以及癌症等。含有必需脂肪酸的食物主要有月见草油、鱼肝油、亚麻籽油等油类。

维生素

维生素对于狗狗的健康成长非常重要。维生素是狗狗体内一些化学反应的催化剂，它们种类很多，各自扮演着不同的角色。比如说，狗狗不小心伤到了脚爪，那么维生素家族中的某个成员会帮助止血，另外一个成员有助于皮肤的修复。维生素主要有两种形式：水溶性维生素和脂溶性维生素。以下就是狗狗需要的主要维生素类型：

维生素 A

维生素 A 有助于视力和皮肤的健康。动物肝脏、牛奶、蛋黄，以及鱼肝油中都含有维生素 A。

B 族维生素

在 B 族维生素中，水溶性维生素包括 B1（硫胺素），B2（核黄素），B3（烟酸）等。B 族维生素有助于调节体内细胞生成的过程。正常来说，B1、B2、B3 这些维生素会自然形成，不过，在个别情况下，比如说，服用抗生素之后，你的狗狗就需要补充了。

维生素 B12 有助于骨髓中红血球的形成。肉类，动物的肝脏、肾脏，蛋，以及奶制品中都含有维生素 B12。有些品种，比如巨型雪纳瑞，它们天生不容易吸收 B12，因此，可能需要后天注射补充。

维生素 C

维生素 C 能够起到抗氧化的作用，抵抗"自由基"，同时也有助于维生素 E 的生成。不过，狗狗不应摄入过多的维生素 C。过多的维生素 C 会渗入狗狗的尿液，很可能会形成膀胱结石。

维生素 D

维生素 D 通过平衡体内的钙和磷酸盐，维护骨骼和牙齿的健康。

缺乏维生素 D 容易诱发佝偻病。不过，这种情况出现得不多，因为狗狗摄入的食物中几乎都含有维生素 D。如果带着狗狗经常出去走走，也可以获得维生素 D。

维生素 E

维生素 E 通过降低破坏细胞的"自由基"的水平，保护狗狗的免疫系统，预防癌症等疾病的出现。维生素 E 还有助于预防各种皮肤疾病，心脏疾病，以及神经系统疾病。

矿物质

狗狗身体的 4% 左右是矿物质和基本化学元素，它们形成骨骼、牙齿等固态组织，以及血液等体液。要健康成长，拥有健康的牙齿和骨骼，狗狗体内必须有适量的矿物质。

钙和磷

钙和磷有助于狗狗牙齿、骨骼，以及神经系统的发育。如果钙或磷失衡，狗狗就会出现各种问题。一般来说，狗狗的饮食中钙含量应该略微高于磷含量。理想的钙和磷的比例是 1.2~1.4 : 1。

镁

镁有助于维持狗狗体内钙和磷的平衡，从而保证狗狗的骨骼健康。另外，镁还有助于肌肉和神经功能的发育。

硒

硒有助于维持心肌等体内组织的健康。不过，饮食中如果摄入硒，即使很少也会引起狗狗中毒，因此，在狗狗的饮食中应该严格控制硒的含量。

铜和铁

这两种元素以红细胞的形式在狗狗的体内运载氧分子。

锌

适量的锌能够确保皮肤的健康，以及免疫系统的有效工作。此外，适量的锌有助于狗狗的味蕾正常工作。

碘

狗狗体内必须有适量的碘，这样生成激素的甲状腺才能正常工作。如果体内碘含量不足或过量，那么激素就会失衡，从而引发各种健康问题。

健康食谱的其他重要成分

纤维

纤维是狗狗食谱中的重要元素，纤维会刺激唾液和胃液的生成。纤维对于预防很多医学问题也很有帮助，比如说，便秘、肥胖、肠道疾病等。在野生环境下，狼从腐肉的皮毛和内脏中获取纤维。家养的狗狗获取可溶性纤维的最佳途径就是食物中的蔬菜和米饭。蔬菜和米饭有一定的黏合性，因此，它们在胃里存留的时间比较长，其中的营养也就更容易被狗狗吸收。干燥的溶性纤维主要来自米糠或麸皮中，一般在早餐谷物食品中含量丰富。狗狗对于纤维的需求因年龄不同而不同。年龄更大的狗狗对于纤维的需求也就更大，以

便于肠道更好地工作。

碳水化合物

碳水化合物是由一种叫做单糖的糖类构成的化合物。狗狗可以把碳水化合物转化成能量或是以糖原的形式存储。小麦、玉米、稻米等食物中都含有碳水化合物。

骨头

在自然环境下，狼通过反复咀嚼捕捉到的猎物的尸体，达到了维持牙齿和牙龈健康的目的。猎物的骨头也给狼提供了身体所需的钙。然而，由于狗狗接受了人类的驯化，这样的方式和食谱就不合适了。

现在我们看到的狗粮一般都含有狗狗所需的钙，不过，当狗狗逐渐长大，恒牙长出来之后，它就需要一些能够给牙齿和牙龈足够锻炼的食物了。骨头就是最好的选择，尤其是那些美味的骨头，它不仅仅可以锻炼狗狗的咀嚼能力，同时也可以让狗狗连续几个小时都开心地忙活着。

狗狗的主人要确保狗狗咀嚼的是非常健康的条状骨头，生的或者熟的都可以。同时还要确保骨头足够硬，不会轻易被狗狗咬碎。如果骨头容易咬碎，那么骨头碎片就有可能卡在狗狗的喉部造成窒息。

喂养狗狗——你的选择

狗狗的饮食一定要均衡，要含有它们身体所需的蛋白质、脂肪、维生素、矿物质。不过，狗狗的饮食需要应该如何才能满足，主人们一定要好好考虑，以下几种选择可作为参考：

家里制做的食品

很多主人都喜欢自己给狗狗做食物。当然了，这一点确实值得夸赞，不过，他们应该明白，给狗狗做吃的是一项非常复杂的工作。因为一份平衡的饮食不仅要包含各种成分的合理搭配，还需要有正确的比例。

比如说，我们很容易这么想，狗狗作为狼的后代，只要有肉吃，那么它就会有足够的蛋白质，这就够了。其实你忽略了一个事实：在野生环境下的狼不仅仅吃掉猎物的肉，还会吃掉骨头、内脏、小肠内容物和皮毛。因此，它们可以获得它们需要的很多营养。如果狗狗只吃肉，那么它的身体就会缺少很多元素，比如说，维生素 A、维生素 D 和钙等。

说了这么多，我们总算可以想出一份经过充分调查的狗狗食谱了：这份食谱中含有鸡肉、肝脏、米饭、骨粉、盐、葵花籽油或玉米油等。少许的蒜对于狗狗的体内循环系统也有好处。在互联网时代，我们可以通过网络查到很多和狗狗食谱相关的信息。

不过，如果主人想要自己给狗狗做吃的，他们还是要做好充分的准备，这可是一项很辛苦的工作，因为狗狗不断成长，其身体需要也是不断变化的。

方便预制食品

大多数的狗狗主人都选择把狗狗的食品搭配交给主要的狗狗食品制造商，这并没有什么奇怪的。因为这些制造商花了大量精力来研究和理解狗狗身体的复杂机制，他们制造出的食物也就更容易满足狗狗主人们的各种要求。总的来说，制造商们制造的狗狗食品能够提供蛋白质、脂肪、维生素和矿物质的平衡搭配，能够维持狗狗的健康成长。这些食品结构和形式多样，而且非常方便。此外，食品也反映了狗狗不同年龄阶段的不同需求，尤其是幼犬的需求。

预制的狗狗食品一般都有质量、营养、安全等保障。一般预制的狗狗食品上都有营养标签，这样，狗狗的主人们就可以确切地控制狗狗们摄入的食物了。

预制的狗狗食品有两种：完全预制食品和补充性食品。这两种食品不能混淆。它们的优点也各不相同。

- 完全预制食品就像名字一样，食品中有狗狗需要的各种营养，而且比例恰当。狗狗摄入这种预制食品就足以保持健康了，也就不需要其他任何食物了。各个年龄段的狗狗都可以买到完全的预制食品，这些预制食品还有针对怀孕的狗狗和年龄较大的狗狗的。
- 补充性预制食品要和其他食品配合食用，比如说饼干、罐装的肉等。这些食物结合起来才能提供狗狗所需的平衡食谱。

这两种预制食品各分为两种：干燥食品和含水分的食品。

- 干燥的狗狗食品越来越受欢迎，因为相对来说其价格不算昂贵，而且非常方便。一般来说，这些食物都是在高压下制作，然后再进行干燥处理的。这些食物中加入了防腐剂和脂肪，以便让狗狗们感觉味道更好。狗狗们可以干吃，也可以加入水软化后再吃。这种食物更为经济，也能够存放更久。
- 相对来说，含水分的食品其成分中含有更多的水分。这种食品通常都是听装的，口感比较软。有完全型也有补充型。

狗狗的主人们选择的食品可能因人而异，不过，他们应该考虑到以下这些因素：

- 松软或含水分的食物更容易消化，不过，狗狗的主人喂食狗狗这些食品的时候要多留意狗狗的牙齿。含有水分的食品无法充分锻炼牙齿，而且还会在狗狗口腔内出现黏附。像齿龈炎等牙龈疾病就很容易出现。
- 现在很多干燥的狗狗食品都是为了充分锻炼狗狗牙齿而生产的。质量较好的干燥食品含有一些矿物质，它们可以阻止食物黏附现象的出现。
- 有些年龄较小的狗狗可能还无法啃咬比较硬的干燥食品。你可以把干燥食品放到水里稍微浸泡，然后再喂食。

对于狗狗的主人来说，最为关键的就是仔细阅读狗狗食品的说明书。说明书中会有食品的详细说明，对于狗狗的体型、年龄，需要喂食的量和时间都有介绍。总的来说，你应该按照说明书的说明来做。

自然营养：BARF 食谱

现在越来越多的人会为狗狗选择骨头和生食来喂食狗狗了，也就是 BARF 食谱。他们觉得这种食谱对于狗狗来说更健康，也更自然。并非每个人都会选择这种食谱，不过，我个人感觉他们的理由还是挺有说服力的。

狗狗食品的典型成分

食品中的营养含量百分比

营养成分	作　　用	普通狗狗/体型较小的狗狗	体型较大的狗狗
蛋白质	对于体内组织、器官和肌肉的健康至关重要	28	30
脂肪	是狗狗能量的来源，必需脂肪酸对于神经系统的正常工作和细胞保持健康有着重要的作用	18	11
碳水化合物	能量的主要来源	37	43
纤维	促进和维护消化系统的健康	2.5	2.7
水分	身体必需的营养素，占狗狗身体的70%	7.5	7.5
钙	有助于维护狗狗牙齿和骨骼的健康，有助于神经系统正常工作	1.3	1
磷	有助于骨骼的强壮，有助于狗狗保持旺盛精力	1	0.8
钠	有助于体液的平衡和神经系统的正常工作	0.5	0.5
钾	有助于体液的平衡、神经系统的正常工作和肌肉的收缩	0.75	0.75
镁	有助于骨骼的健康、神经系统和酶的正常工作	0.1	0.1
不饱和脂肪酸	有助于狗狗皮肤和毛发的健康	0.4	0.25
饱和脂肪酸	有助于狗狗皮肤和毛发的健康	3.4	2.5

　　通过这张表格我们可以看到狗狗的食物中各种基本成分所占的比例。狗狗吃的食物决定了它的健康状况。（表格来源：希尔的《宠物营养》）

　　狗狗食品的研究历史并不长，至少从我们今天对其的了解来看就是这样，也就是最近一百年才有的。这么说来，在一百年之前，狗狗们究竟是怎么存活的呢？答案很简单：当然是有什么吃什么了。

几千年来，狗狗们都是以自己猎杀的动物为食。最早的时候它们是成群结队去捕猎，一般来说，它会捕获一些食草动物，比如，兔子、鹿或羊。有时候它们也会吃一些大型动物吃剩的东西，比如说，狮子或熊吃剩的东西。夏天它们还会用草来补给一下，就像现在一样，它们那个时候就是"机会主义的食客"，逮到什么就吃什么。

不过，这种看似不稳定的食谱却给狗狗们提供了它们身体所需的蛋白质和其他营养成分。不管是动物的软组织、内脏，还是皮肤，它们都不会挑剔，这样一来，它们的身体反倒维持了健康状态，远离了各种疾病。它们把猎物的尸体啃掉，骨头、毛发一并吃掉，牙齿因此得到了锻炼，同时身体也补充了所需的钙。

人类开始将狗狗进行家养的时候，维持这个食谱并不难。狗狗捕猎的本领换来的是必须吃掉人类伙伴不愿意吃的东西，而这些人类不愿吃的东西往往都有很多。狗狗通过早期与人类的共处维持了其原来在自然环境下的饮食习惯，这也是它们能够和人类很好相处的又一原因。

直到人类进入了工业化社会，一切才变了样。突然之间，人类和狗狗不再分享同样的食物了。人类把自己想要吃的食物都塞到了肚子里，不再会有什么吃剩的食物给狗狗。不过，他们发明了自认为对狗狗很有益的狗狗专属食品。

很多人认为让狗狗回归到自然状态下的饮食习惯会更健康、营养也更丰富。首先，这些人争辩说，只是烹饪或是加工这种方式就会让食物损失高达 70% 的营养。他们同时还指出，从龋齿、口臭、结肠炎、肾病、皮肤病到风湿性关节炎都是现代人造狗狗食品营养缺乏所致。但是，按照 BARF 食谱来喂养狗狗的人都说他们的狗狗更精瘦，但是更健康，身体状况也更好。因此，他们提议，至少狗狗的饮食部分上可以按照 BARF 方案来进行。

什么才是自然饮食

生食的主要成分是生肉、生的水果蔬菜（一般都是流体）和生的骨头。狗狗应该按照以下原则来吃这些生食：

- 对于狗狗来说，每十千克的体重每天可以摄入 100-150 克的生肉。

- 它们应该进食不同种类的肉以获得不同的营养。唯一不可以选择的是猪肉，如果狗狗出现皮肤或肠道问题，牛肉也应该避免食用。

- 像肾脏、心、肺和肝脏等内脏每周应该代替肉类进食一次。

- 每十千克的体重每天应该进食 200-300 克的水果和蔬菜。

- 坚果、药草或烹饪的豆类可以作为水果和蔬菜的有益补充。

- 一周至少喂食狗狗一次生的骨头来锻炼狗狗的牙齿。

- 不要喂食狗狗谷物。

什么时候与如何让狗狗开始自然食谱？

在野生环境中，狗狗们可能从出生之后不久就开始摄入生食了。一开始，它们的妈妈或是群体中的成员会以反刍或咀嚼过的形式来喂食，不过，不用太久，它们就可以自己进食生食了。没有什么理由可以说明家养的狗狗不能在断奶后很快开始自然食谱的。唯一需要小心的是骨头。因为碎掉的骨头可能会划伤狗狗的喉咙，甚至会让狗狗窒息，因此，狗狗主人在给狗狗喂食像鸡肉等家禽时一定要注意。要确定鸡肉中没有太小的碎骨会卡到狗狗或者引起狗狗窒息。鱼肉也可以偶尔选择给狗狗吃，不过要仔细烹饪，去除鱼刺。

如果你的狗狗还没有接触过自然食谱，那么你应该逐步尝试，不要太着急。一开始的时候，一周一到两次就可以了。当狗狗的身体适应这样的饮食时，就可以慢慢增加自然饮食的数量，直到狗狗完全依靠自然饮食为止。

慢慢固定狗狗的饮食

随着狗狗年龄的增长，其食量也会相应增长。在狗狗断奶之后的第一周之内，主人应该一天喂食三次。第二周，也就是狗狗四周大时，狗狗应该一天喂食五次。

喂食断奶之后的幼犬的关键在于少食多餐。这样狗狗就不会出现消化问题了。喂食的次数应该随着狗狗年龄的增长逐渐减少，每次的喂食量会逐渐增加。狗狗长到 14 周时，每天喂食四次，五个月时每天只要喂食两次，即早餐和晚餐。

通过目测喂食

当然了，所有的狗狗都是不同的，就算狗狗食品制造商准备了

食物的力量：狗狗知道，必须尊重能够给它提供一日三餐的人。

多么详细的食品说明，狗狗主人们还是要确定自己的狗狗究竟要吃多少。这就要求狗狗的主人非常细心，需要用眼睛来目测——通过自己的观察来确定狗狗的需要。

对于幼犬，其实是所有狗狗来说，最大的问题是吃得过多。判断狗狗是超重还是体重不足其实很简单。狗狗的颈部是最能看出其超重与否的地方，因为狗狗长胖的话就看不到脖子了。狗狗的主人们应该避免狗狗过于肥胖，因为肥胖会引起腹泻和其他问题。如果狗狗出现了腹泻症状，那么 24 小时之内要停止喂食。当然了，不要担心，这种情况下狗狗不会被饿坏的。

同样的道理，如果喂食不足就会导致狗狗体重迅速降低。看看狗狗有没有凸起的肋骨或瘦削的背部就知道了。如果出现了这种状况，只要每天增加喂食的次数就可以了，但是注意不要只是增加每顿的喂食分量。不管狗狗处在什么年龄段，改变都要逐步进行。

在第十三章中，我会介绍如何判断狗狗的身体状况，介绍一整套监控狗狗身高和体重的方法。

06

驯养狗狗的基础

THE PUPPY
LISTENER

Understanding and
Caring for
Your New Puppy

养只幼犬很有趣——不管具体情况如何，有趣都是肯定的。不过，喂养幼犬同时还意味着责任，而且需要很多年坚持不懈的努力。关键是你有没有花时间让自己获得履行职责所需的工具——也就是说，对狗狗的"控制"。

当你和狗狗的关系越来越密切的时候，就更需要你能够控制其行为了，而这一点需要一定的练习才可以。当你最终带着狗狗出门，进行第一次户外散步的时候，也就是在其14周左右时，你就要担负起保护和指引的职责了。你要能够让其坐下、过来，跟着你到处走走。如果你没有给狗狗进行最基本的训练，那么带着狗狗出门散步

测试其性格：触摸幼犬时，幼犬的反应将会暴露其此刻的心理以及会持续一生的性格特征。

容易满足的小家伙：如果幼犬让你把它放在臂弯里，而且一副很享受的样子，那么它以后很可能会长成一只心态很放松、很容易满足的狗狗。

还是相当有风险的。作为主人，训练狗狗也是你最基本的职责之一，因此，在狗狗早期就要开始一些最基本的训练了。万事开头难，训练刚开始时肯定要付出很多辛苦！

和狗狗的交流：起步阶段

我们已经认识到，狗狗的行为表现和它的祖先狼有着同样的特征。所有的狗狗在其内心深处都有对于其群体力量的固有信任，它们也相信拥有统治权对于保护群体来说非常重要。幼犬离开母亲之后，和它有相互交流的群体是人类的家庭，它需要找到一个可以指引它的人，让它感觉舒适，让它可以信任。

在自然环境下的狼群中，这种信息需要由公狼首领和母狼首领，以及在整个狼群中地位较低的狼发出清晰的、毫无歧义的信号才能获得。它们会让小狼崽没有丝毫的疑虑，公狼首领和母狼首领会让小狼崽认识到，它们是它可以相信的对象。

当然了，狗狗和狼有所不同，它们生活在一个由人类设计并控制的世界里，因此，当它们看到自己所在的群体时感觉非常困惑也就没什么可奇怪的了。更糟糕的是，很多狗狗的主人并没有意识到这一点，他们给狗狗传递的信号让狗狗得出了关于它所在群体的错误结论。结果，狗狗对于自己的身份就有了错误的解读，行为方面的问题也就会越来越多。

作为狗狗的主人，你的工作是确保狗狗明白你对它有控制权，你在整个群体中处在最高峰：你永远都是它的领导者和控制者。在狗狗很小的时候，通过建立你对他的控制和领导地位，你可以让它认识到，从今往后，乃至它的一生中，你都是它的领导者。

幼犬在来到你家之前就应该明白，在社会结构中，人类永远都处在上层，负责任的狗狗喂养人应该慢慢地、循序渐进地让狗狗明白它的主人对它有绝对的领导权。在狗狗三周大时可以开始对其进行训练，和其交流，然后在断奶和理毛期间再次加强。玩耍的时间也可以加强它们对于自己身份地位的认识。

每一次和狗狗的交流你都可以向它传达重要的信息："我会对你的健康和快乐负责，你可以相信我，我会履行自己的职责。"在这之前，狗狗可能已经将喂养人视作在自己之上了。那么，现在，狗狗到了你的家庭，该由你继续建立这种联系了。你也要跟喂养人一样，建立自己的领导地位。要做到这一点，首先要让狗狗理解你对它控制权，只有这样，它在家庭之外的大环境中才能安全。

幸好，我们有一套狗狗的主人可以使用的符号语言，这些符号语言可以传递给狗狗所需要的关键信息。通过学习这些符号语言，狗狗的主人们不仅仅可以避免让狗狗困惑不解，更重要的是，能够在狗狗早期就建立起你在它心里的领导地位。这一点将会让你受益匪浅。

这套符号语言中一共有四个比较关键的，它们都是以自然环境为基础的。为了理解这四个符号，我们必须首先知道在自然环境中它们是如何发挥作用的。

头狼确立地位的四个关键性行为

1. 没有首领的允许，成员不能接近头狼

在自然环境中，小狼崽总是会微妙地测试其领导者，提出小问题，要求领导者证实一下自己依然处在控制地位。每一天，公狼首领和母狼首领最能够证实其领导地位的时刻就是和小狼崽分开之后的再次团聚。首领有属于自己的空间，在这块属于自己的空间里，它们感觉舒适，有操控权。它们会很有力地说："不要叫我们，有事

我们会叫你们的。"如果没有公狼首领和母狼首领的允许，其他狼是绝对不可以进入它们的领地的。当小狼崽过来时，公狼首领和母狼首领依然会待在自己的领地内，等待着小狼崽前来。当它们准备好之后，也只有这时，在狼群中地位较低下的成员才可以接近，表达对公狼首领和母狼首领的尊重。

这个过程不会持续太久，当公狼首领和母狼首领感觉满意时，小狼崽就再一次加强了对于它们的领导地位的认识，那么它们就会允许其他成员前来接近。不过，如果其他成员对它们表达的尊重没有让它们满意，那么它们就不会让其接近。这就是狼群中首领让小狼崽认识到其首要地位的简单而有力的方式，它们根本不需要借助于残忍、对峙或暴力。

2. 捕猎中的排兵布阵是由头狼来决定的

不出我们的意料，其他让小狼崽进一步理解公狼首领和母狼首领地位的关键方式都是和食物有关了。维护首领地位的第一个有利时机就是捕猎，捕猎需要组织能力、决策力、技巧等等，而这些恰恰都是首领所具备的。首领要选择猎场，带领着其他成员去追逐猎物，指挥它们将猎物"杀掉"。而狼群中其他成员扮演着服从和支持的角色，任何对于首领权威地位的质疑这时都是不被允许的。

3. 食物必须首领先吃

一旦猎杀完成，首领们会再次强化它们的地位——猎杀的食物首先是首领来吃，只有等它们吃饱后，其他成员才能吃，同样，其他成员也是按照一定的顺序进食的。在狼群里，小狼崽需要由捕猎者反刍来喂食。小狼崽会因此对首领建立信任，毕竟，它的存活都是依赖于首领们的身体状况。

4. 危险靠近时头狼义不容辞地保护狼群

最后，如果它们感觉到有危险，首领们会再次显示出其领导地位。当有危险逼近狼群，公狼首领和母狼首领的任务就是不惜一切代价保护狼群。首领会毫不犹豫，不负大家的期望，它们会选择以下几种方式作为回应：直接跑走，忽略危险或者保护整个狼群，也就是三"F"：跑为上策（Flight），冷处理（Freeze）或正面交锋（Fight）。不管首领选择了哪种方式，狼群都会紧紧跟随。

主人必须提出的四个问题

如果我们承认家养的狗狗在某种程度上仍然保持着狼性，那么我们就必须承认一点：它随时都在寻找那个可以领导它的首领。在人类统治的世界中，那个首领必须是人类了。这样的责任狗狗是没办法承担的，不管狗狗多么聪明，它都无法在人类社会中扮演另一只狗狗的首领。

拥有一只适应性良好的快乐狗狗的关键就是让它明白，领导者是你而不是它。那么在狗狗早期就要建立这一概念，和狗狗的交流中一定要掌握四个主要方面。

建立自己的主人地位，其关键在于找到家养的狗狗和自然环境中的狼群对应的四个符号语言。主人尤其需要回答以下四个问题：

- 狗狗和主人的每次分离和重聚是由谁来掌控？
- 当狗狗感觉到危险时，谁来保护它？
- 狗狗去捕猎的话，谁来引导它？

● 狗狗进食的话，谁要首先进食？

主人必须确保狗狗把他或她，以及家里所有其他的成员作为以上问题的答案。而且狗狗得出这些答案是自愿的，没有任何的强迫或暴力。

基本控制——过来

对于八周大的狗狗来说，生活是非常简单的。睡觉、吃饭和玩耍就是它所有需要思考的内容了。主人可以利用吃饭和玩耍这两种本能向狗狗介绍它需要学习的第一个关键指令——过来。在狗狗出生48小时之后，这个指令就应该教给它了，因为这个时候它已经到了一个全新的环境。

1.在狗狗吃过东西之后尝试对其进行第一次训练。准备好一些小零食，比如小的肉干或奶酪，或者其他你经常作为食物奖赏的东西。

2.狗狗吃完饭开始玩耍的时候，喊它的名字。

3.当它表现出类似于"你在叫我吗？"这样的表情时，你可以蹲下或跪下，伸出手，让它看到手里的小零食，然后，让狗狗过来，声音要温和，要充满鼓励。

4.如果狗狗一开始没有朝你走来，那就把手再往前伸一些，让手里的小零食更容易被它看到，气味也更容易被辨认。

5.狗狗过来的话，就给它小零食作为奖励，并且给它无声的赞赏。表扬也不要太过火，只要让它明白它做得不错就可以了。

6.轻轻抚摸狗狗的背，强调你作为主人的领导地位。在自然环境下，触碰这一敏感区，就是一种强有力的信号，表达的是对于被触碰的动物的领导权。

如果狗狗直接冲过来，或者跳起来，再或者滚来滚去，希望你给它挠挠，你要做的就是站起来，立刻走开。如果狗狗对于你的指令几分钟之内没有任何回应，你就直接走开，继续自己一天的安排，等几小时狗狗再次吃完饭之后重新尝试。要有耐心。一般狗狗最后都会有回应的，这也是今后对其进行控制和训练的基础。

基本控制——坐下

让狗狗坐下是一个非常有用的控制。给狗狗理毛时、带它去看兽医时等等，都需要它能够接受你的指令乖乖坐下。因此，在狗狗很小的时候就开始训练这项指令非常重要。

你希望你的狗狗以后都能够很轻松地重复这一过程，而不希望狗狗是因为感到害怕或者受到了威胁才这么做，希望它能够自愿，它接受指令坐下是因为它知道对它有好处。狗狗从根本上来说还是比较自私的生灵。它们做每件事都会思考这个问题：这对我有什么用吗？因此，让狗狗自愿坐下的唯一方式就是它能够在早期对"坐下"建立积极的联系。再次强调，一开始用食物作为奖赏是关键所在。

1. 拿一块小零食给狗狗看，伸到它面前或者头上。同时说"坐下"，语气要温和，要没有威胁性。

2. 狗狗的眼睛会紧随着小零食，这个时候，它本能的反应是脖子朝后缩，整个身体弯曲，最后自然就会坐下来。

3. 狗狗腹部碰到地面时，可以表扬它，抚摸一下或者直接把零食作为奖赏给它吃。

4. 狗狗并不会解读你的想法，因此，如果它没有回应的话，就再重复一次，如果有必要，甚至可以多次重复。在这个过程中，一

"坐下"：让狗狗学会将屁股放低，将食物奖励放在狗狗头顶上方。

"真棒"：如果狗狗按照你的要求去做了，你可以奖励给它一些食物，让它建立起积极的联系。

定要保持平静，要有足够的耐心。

5. 如果狗狗看到你把食物伸到它的头顶，它没有坐下，而是往后跑了，那最好在门或者墙边进行练习，这样，它就不会往后跑了。如果仍然不行，那就轻柔地将一只手放在狗狗后面，慢慢触碰狗狗的腹部，另一只手依然把食物伸到狗狗头顶，就像对待学着自己坐下来的宝宝一样。

6. 如果你成功地让狗狗坐下来了，那就将这个过程重复一到两次，以便加深狗狗的记忆。

现在，狗狗的脑海里已经将指令"坐下"、腹部朝前、食物奖励这三方面建立了积极的联系，以后你就可以在需要的时候让狗狗按照指令坐下来了。

谨防对控制者进行控制

值得注意的是，一开始的时候这些基本控制要尽量少用，不要每次狗狗朝你走来时你都让其坐下。原因很简单：狗狗是非常善于指使他人的动物，它们可能会把自己掌握的技巧，以及你会因此而高兴这些事为己所用。很可能狗狗会经常在你脚边自愿坐下来，但是，关键之处是你不要对此有所回应。要记住：控制的主要目的之一就是强调你作为领导者的地位。如果你允许狗狗自己决定什么时候可以坐下，然后还能得到奖赏，那么你就毁掉了自己作为领导者的地位。你这是在让它控制你——本应该为控制者的你。因此，一定要小心。

借助食物的力量灌输纪律的概念

食物是向狗狗传递信号的最有力的工具之一。在自然环境下，狼群中每个成员都知道食物是要靠它们自己去争取的。食物并非一种权利。这个信息必须在狗狗早期就加以灌输。狗狗必须知道以下原则：

- 食物不会自动出现，必须自己去挣得。
- 提供食物的人就是它在寻找的代替同类的保护者。
- 要有食物吃，那么吃的时候就要有些行为要求。

所有这些信息都要从一开始就逐步加强。

喂养幼犬时也有一些简单的规则。下面就是你不应该做的事：

不要让狗狗吃主人规定以外的食物

狗狗是非常懂得投机取巧的，如果它看到了吃零食的机会，它一定不会放过。当然，这一点会进一步强调你尝试让狗狗明白的准

则——你是唯一给它提供食物的人。因此，它不可以随意吃零食。此外，还要和家里的其他成员，以及到家里拜访的人说明这一点。来访者一个丢给狗狗零食的动作就足以让狗狗的进步倒退好几周。

不要一直在固定的时间喂食

狗狗们非常聪明，如果你总是在固定的时间喂食，那么它们很快就会知道什么时候可以盼望食物的到来了。相反，你可以故意把喂食的时间做些调整，这样，它们就不会太过期望。你也就可以确保你想传递给狗狗的信息被它理解，也就是让它明白"我才是领导者"，是"我"来选择我们什么时候吃东西。这一点要明确且清晰地传达给狗狗。

不要让狗狗太过兴奋

喂食时间是训练良好行为准则的最佳时间，因此，狗狗们必须冷静，而且必须控制其大小便。狗狗的嗅觉非常灵敏，因此，你一开始给它准备食物它就会发觉，会悄悄跟到厨房或喂食区。如果它开始到处乱跳，太过兴奋，那就稍微等一下再喂食。你不需要说什么，只要静静站着，把食物放在远离狗狗的桌子上，直到它安静下来为止。等到这时你才应该给它喂食。这个时候，你要走开，进一步向他强调：作为它的领导者，你已经决定了现在它可以进食了。

不要允许狗狗从食物旁边走开

狗狗必须明白，它没有任何控制进食时间的权力。因此，如果它离开盛放食物的小碗，只是为了稍作消化，就没有关系，如果它没有吃完就真的走开了，一定不能接受。如果这种事情发生了，你要立刻拿走小碗。就算它再次回来也不要再接着喂它。它需要明白，喂食时间就是这样：它不能走开随意地溜达；不能因为其他事物而分心。虽然这么做有些严厉，不过狗狗很快就会明白你要传递给它的信息。

玩耍的力量

和在自然环境下一样，幼犬可以在玩耍的过程中得到这个阶段对于它们来说最有力的信息。它会明白哪些是它不能做的，哪些是它可以做的。它会了解自己在家里的地位，知道如何辨认他人的地位。在出生后的八周里，幼犬已经通过和其兄弟姐妹玩耍学会了不少，到了新家之后，这个学习的过程需要继续下去。

玩耍给主人提供了一个和狗狗建立联系的关键机会，主人也可以通过狗狗的玩耍让其明白它在家里的等级。它会慢慢知道，你就是它可爱的领导者，不过，如果你不太小心，也会成为它犯错误的前提。主人和狗狗之间的关系会持续狗狗整个一生，因此，狗狗的玩耍要按照一定的规则来进行，这一点非常关键。从根本上来说，主人要注意下面的"三不要"：

不要让狗狗决定玩耍时间

看到狗狗嘴巴里似乎叼着一只小球，那样子估计多数的人都会大呼可爱，都想宠爱眼前的小家伙，不过，狗狗的主人们一定要注意，千万不可以兀自走开，让狗狗自己随心所欲地玩耍。如果你这么做，狗狗就会认为玩耍的时间是由它来定。时间长了，它就会认为：自己是真正的领导者。当然不是这样，你要在狗狗很小的时候就让其明确理解它不是领导者。

不要鼓励狗狗撕扯

如果狗狗把用牙齿撕扯当做玩耍的方式，长期下去一定会出现问题，因为它慢慢地会挑战你的领导地位。如果狗狗偶尔挑战成功了，它就会对其身份地位产生一种错误的

认识。它会咬得更凶，问题也就因此变得更加严重了。

不要容忍狗狗咬人

任何鼓励狗狗咬人的事件都要避免。否则，它就会建立积极的联系，以后都会认为这种行为是可以被接受的。这就是为什么有些狗狗的工作就是去咬人，比如说警犬。但即便如此，也要等到18个月才教给它咬人的本领。

让狗狗不咬人的关键是让它明白咬人并非是一种攻击性的行为。它不是在咬谁。它是在坚持，是想紧紧抓住，就像小时候和其兄弟姐妹一起时一样。要阻止狗狗咬人的行为，关键就是不要害怕，不要太重视其行为。如果狗狗咬人，一般来说人们都会表现出恐慌的样子，这样问题就会变得更糟糕。你应该像它的兄弟姐妹一样，稍微发出呜呜的声音，然后立刻走开。如果狗狗追着你不放，咬住你的裤子或裙子，就把它挪走，放到狗狗屋子里或者门后面。让它自己在那里待一会儿——最多不要超过一小时。惩罚它的时候不用特别做什么，也不要担心是不是太严厉。实际上，这种惩罚不严厉，而且对其有好处。作为主人，你必须明白奖惩有个分界点，狗狗也

因此会首次理解它的行为会给它带来一定的后果。

在狗狗到达新家之后的最初几天甚至几周内，你都要准备好应对其各种行为的方法，如果狗狗来自狗狗农场或者其他不知名的地方，而不是由负责任的喂养人喂养，更是如此。不过，只要坚持不懈，只要严格按照你指定的规则去做，一切问题都会迎刃而解的。关于行为问题的具体建议请参考第八章。

07

梳理毛发——保持狗狗健康的关键

THE PUPPY
LISTENER

Understanding and
Caring for
Your New Puppy

梳理毛发的重要性再怎么强调都不为过。梳理毛发远远不只是为了让狗狗看起来美观。首先，也是最为重要的一点，梳理毛发对于保持狗狗的健康，监控狗狗的健康至关重要。狗狗的毛发对于任何威胁都很敏感，需要好好照顾。梳理毛发也是你检查狗狗健康状况的机会。

此外，梳理毛发还是在狗狗早期建立对于主人信任的极佳方式，主人也可以借此强调狗狗在家庭中的身份地位，让其真正理解和铭记。

在梳理毛发的过程中，主人会触碰到狗狗最脆弱的地方，如果是在自然环境下，只有群体的首领才可以这么做。同样的道理，主人在给狗狗梳理毛发的时候，可以代替狗狗，帮助它们清洁和护理，这也是一种传递主人优势地位的方式。除此之外，梳理毛发时，主人对姿势也有绝对的支配地位。基于以上种种原因，梳理毛发应该尽早开始。

负责任的狗狗喂养人应该让狗狗在到达新家之前就习惯被触碰其敏感区域，比如，嘴巴、脚，让其习惯把头转向一边，这样你就可以看看它的耳朵里面了。如果你的狗狗还没有养成这些习惯，那么一定要按照下面的说明每天训练两次，狗狗很快就会习惯的。

狗狗的皮毛是很多疾病的第一道防线。一般来说，狗狗的皮毛可以分为两种：具有保护性的针毛和具有保温性的内毛。由于几个世纪以来不同品种的狗狗相互交配繁殖，现在，其毛发也有了各种不同的状态。比如，德国牧羊犬的毛发主要就是针毛。

在自然环境下，狼通过在土地或沙地上翻滚，以此来保护它们的皮毛。这样不仅仅是对皮毛的按摩，同时还可以去掉粘在皮毛上的残渣，促进皮肤产生皮脂，防止感染的发生。狗狗有时候也会用这种方式来清洁皮肤，不过，一般来说，它们还是依赖于用舌头舔。当然了，这些肯定不够，尤其狗狗面对人类社会各种看不见的疾病的情况下更是如此。因此，我们要肩负起保护和监控其皮毛健康的责任。

不同的狗狗皮毛的梳理方法

不管狗狗皮毛是哪种类型，梳理的原则都是一样的。梳理毛发的目的是把脱落的毛发去除，同时清洁新生的毛发和皮肤，促进皮脂的生成，让狗狗的皮肤更为润滑、健康。给狗狗梳理毛发的时候应该避免伤害狗狗，让狗狗感觉疼痛。

以下就是梳理毛发的指导原则：

从头到脚：长毛狗狗身体的每个部位都要仔细梳理，包括耳朵。

专业的毛发梳理工具

看看狗狗皮毛种类的描述，然后确定你的狗狗需要什么，你应该怎么做：

- 小钉耙梳（毛发较长的狗狗，比如，阿富汗猎犬、西班牙猎犬等）
- 细齿梳（毛发精细的狗狗）
- 宽齿梳（毛发较厚的狗狗）
- 软体刷（一般的狗狗都可以使用）
- 手套（一般的狗狗都可以使用）
- 鬃刷（一般的狗狗都可以使用）
- 橡胶手套
- 毛结解除梳（毛发容易打结和凌乱的狗狗）
- 平直剪刀（一般的狗狗都可以使用）
- 打薄专用剪刀（毛发较厚的狗狗）
- 汤匙形剪刀（修饰狗狗耳朵等部位）
- 梳理毛发时不要使劲拉扯。如果有些地方毛发确实打结了，没有办法处理好，就直接剪掉，不要反复梳理，不要让狗狗感觉到疼痛。
- 选择鬃刷时，在手背上先试一试，如果你感觉很痛，那说明狗狗使用的话也会痛，因此要换一种工具。
- 给公犬梳理毛发时，要注意保护其生殖器部位。一只手保护其睾丸，另一只手梳理毛发，否则你很可能会伤到狗狗。

不同种类的狗狗皮毛需要不同的护理，给狗狗梳理毛发，应该按照狗狗的种类区别对待，以下就是按照狗狗皮毛的特征进行的大致分类：

毛发平滑型

平滑型毛发主要有两种：毛发较短，比如小灵犬、拳师犬；毛发较长较密，比如金毛犬和威尔士矮腿犬。一般而言，这种毛发是最好护理的。平均每周梳理一次就可以了。如果狗狗毛发较长，就用适合长毛发的梳子和鬃刷；如果毛发较短，普通手套或者橡胶手套就足够了。缠绕在一起的毛发可以用毛结解除梳处理。

仍然黏在狗狗毛发上的碎屑和残骸可以稍微涂抹一些食用油就可以软化。较长毛发的狗狗一定要注意其皮肤下层绒毛的护理。

刚毛型

梗犬一般都属于这一种类，另外还有刚毛腊肠犬和雪纳瑞犬。这种类型的狗狗每周务必要梳理毛发两次。和护理金毛犬以及威尔士矮脚犬的方式一样，要用合适的梳子以及鬃刷。这种狗狗毛发比较容易打结，因此，护理时要格外小心，每一处打结的部位都要小心清理，不要用力拉扯。如果有必要，可以用剪刀把纠结在一起的毛发剪掉。

除了日常的毛发梳理之外，外层的毛发还要进行专业的护理。一般来说，每12周最好由专业人士进行一次护理，护理之后，要好好地给狗狗洗澡。如果你认为方便，狗狗也可以每六到八周进行一次机器剪毛。要注意，机器剪毛只适合处理较长的毛发，较密的毛发不可以。也就是说，狗狗的毛发并非顺其自然就可以保持良好状态的，如果不护理，时间长了一定会引发各种问题。

这种毛发的狗狗其毛发还会长到眼睛和耳朵周围，这些地方一定要用剪刀小心处理。

长毛型

柯利牧羊犬、德国牧羊犬、古代英国牧羊犬都属于这种类型。

一只狗狗如果是第一次见到古代英国牧羊犬，它会觉得古代英国牧羊犬就像是一个巨大的厨房拖把——看不到它的眼睛、耳朵、前脸以及尾巴。能看到的就是一只披着毛皮的胸部巨大的动物。它甚至不知道对方也是同类，因此，其他狗狗总是会误解这种狗狗也就不足为奇了。

护理这种毛发的狗狗，首先要用小钉耙梳把表层毛发梳理顺畅，然后再用合适的梳子将毛发彻底梳理一下，最后，用宽齿梳再次梳理。尤其要注意狗狗腿上、胸前、尾巴以及尾部的毛发。这类狗狗需要每天梳理毛发，至少每月修剪一次过长的部分。同样，如果有打结的，直接剪掉就可以了。

不脱毛卷曲型

狮子犬、卷毛比熊犬都属于这一类。这种狗狗的毛发和其他种类都不同，它们不会脱毛，因此，对其护理就更为重要了。要用毛结解除梳每天给狗狗梳理，尤其要注意耳朵旁边和脚上的毛发。

最重要的是，这类狗狗每六到八周要剪一次毛，最好由专业的剪毛师来剪。剪毛师应该注意狗狗耳道内侧的毛发，因为如果不注意，没有得到很好的护理，可能会引发一些问题。

纤细丝滑型

阿富汗猎犬、西藏犬、西班牙猎犬和约克郡犬都属于这一类。它们需要主人格外注意，因为这种毛发容易纠结成团，需要定期的

梳理、冲洗，避免打结。像马耳他犬和约克郡犬都没有下层绒毛的保护，因此，梳理时皮肤更为敏感，更容易受伤，主人一定要小心进行。

每一天的梳理首先要从小钉耙梳开始，用小钉耙梳把打结的毛发理顺，一定要注意避免碰到狗狗的皮肤。然后再用鬃刷，最后用宽齿梳。

这类狗狗身上容易积累很多脱落的毛发，因此，每三个月左右就要修剪一次。不要用电动修剪的方式，因为电动修剪没办法将脱落的毛发去掉。

洗澡

关于给狗狗洗澡，人们的观点各不相同。有些主人喜欢定期给狗狗洗，比如每个月给狗狗洗一次澡，而有些则不会给狗狗洗澡。究竟怎样才是对的，并没有一个准确的答案。总的来说，这与个人的喜好和选择有关，狗狗的主人应根据狗狗的种类和皮毛的特点而定。

很多狗狗非常不愿意洗澡，这没什么好惊讶的。它们不愿意违背它们的本能，而洗澡恰恰违背了这一点。在自然环境下，狼都是用自然方法来保护其皮毛的。每一年冬天的时候，它们都会长出厚厚的毛发，春天会脱落。在这个自然的过程中，它们会通过在石头或岩石、树木或砂砾上摩擦，促进脱毛过程的快速完成。它们也会潜入水中，帮助它们去除褪掉的毛发。在夏季和秋季，因为身体分泌皮脂，使它们的毛发得到了很好的护理。这就是一个自然的循环过程。

很明显，家养的狗狗和狼不一样，我们希望它们能够融入我们

给幼犬洗澡：如果处理得当，洗澡对于狗狗来说将是非常愉快的经历。

的环境，能够符合我们制定的卫生标准。我们不希望狗狗有异味或者让人讨厌。不过，洗澡这个问题我们还是没有从狗狗的角度去思考。对于狗狗来说，气味是融入周围环境的重要方式。如果它感觉自己身上的气味很自然，能够融入周围的环境，就不会那么引人注意，它也就不会那么容易受到攻击。狗狗知道，身上肥皂味或香波味越多，就越不容易融入周围的环境，这就是狗狗为什么不愿意洗澡的原因所在。

很多主人都发现，给狗狗洗完澡之后，它会立刻跑掉，然后滚入一些很恶心的东西中。刚刚洗完澡时它看着非常干净，可是没多时，它就似乎又一身脏了。这并不是说狗狗喜欢把自己弄脏，恰恰相反，它们实际上是非常爱干净。它们之所以把自己弄脏是因为香波气味不太自然。它们喜欢自己和周围的环境有一样的味道。

这样看来，给狗狗洗澡确实会让人进退两难。一般来说，你要注意以下几条原则：

使用香味不重或者无香味的香波

狗狗身上的毛发晾干后，味道越刺激，它越想立刻将味道去除。

市场上有很多味道并不重的香波，你可以尝试一下。

如何给狗狗洗澡

给狗狗洗澡的时候最好能有个人过来帮忙，帮助你稳稳地抱住狗狗。

1. 首先把狗狗的项圈拿掉，然后把它放到浴盆里。如果狗狗体型大，没有办法放到浴盆里，那就让它在浴盆外，用容器舀着冲洗干净，水温要适宜。

2. 如果是淋浴或喷水的水壶，那就先淋湿狗狗的背，让水冲湿其背部和两侧。

3. 把香波涂抹在狗狗的身体、腿、耳朵和头部，要注意不要渗入狗狗的眼睛。准备好一块潮湿的小绒布，如果香波不小心渗入了狗狗的眼睛，要仔细擦干净。

4. 从头部向后把狗狗冲洗干净。

5. 如果天气温暖，就让狗狗洗澡后好好跑一跑，让毛发自然吹干，毛发较长的狗狗需要用毛巾稍微擦一擦。如果天气很冷，要首先用毛巾擦一下，然后把它放到比较温暖的地方晾干，谨防狗狗感冒。如果你有吹风机，那就把风速调到低档，小心谨慎，因为吹风机的噪音可能会吓着狗狗。

不要过度洗浴

如果你选择定期给狗狗洗澡，一定注意不要洗得过勤。狗狗身体皮脂的分泌有助于维护其皮毛的健康。如果洗浴过多，这种自然的分泌就会被打乱，继而出现很多问题。幸好人类介入比较早，现在狗狗已经从其自然的生活状态慢慢进化融入人类社会了。因此，狗狗的皮毛也就需要各种不同的护理。

典型的是美国可卡犬，它们的毛发非常长，垂到了地面上，就像一艘气垫船，毛发中积累灰尘的速度也是惊人的。如果你不给狗狗洗澡，或者不定期清洗垂在地上的毛发，比如，一月一次，时间长了肯定会有各种问题。另一种极端就是短毛的狗狗。不要烦恼，这是大自然设计的结果，因此，如果你的狗狗是短毛的，一年洗一次就足够了。如果它身上某个部位确实沾上了什么可怕的东西，那么清洗局部就可以了。

如果你的狗狗在这两种极端中间，那么洗澡的情况就要根据其身体状况而定了。比如，可卡犬就需要定期清洗耳朵。拳师犬和哈巴狗需要经常擦眼睛。沙皮犬需要将身上褶皱的地方定期清理。

给狗狗刷牙

保持狗狗牙齿和牙龈的健康至关重要。黄色的黏性菌斑会慢慢积累在牙齿表面，时间长了就会形成很硬的沉淀，也就是我们说的牙垢。这也是狗狗滋生牙龈疾病的开始，如果不闻不问，那么细菌就会进一步蔓延，最后导致身体其他部位的疾病。狗狗吃东西时嘴巴里容易遗留食物残渣，而且很多时候狗狗嘴巴外围也会粘上残余物。因此，给狗狗梳理毛发的时候，彻底的口腔检查和清洁也是很重要的。

保持牙齿和牙龈健康的关键是定期刷牙。咀嚼骨头和其他比较硬的食物也会有帮助，不过这些都代替不了牙膏的保护作用。

很明显，用牙膏刷牙，如果你不帮忙，狗狗自己是无法做到的。这也是建立狗狗对主人信任的又一个机会，因此要缓慢、仔细地进行。给狗狗刷牙时要记住以下几点：

- 开始时要缓慢，用儿童牙刷和专门针对狗狗的牙膏，只要一点就可以了。

- 一开始，每天只要刷一次，每次刷几秒钟，坚持一段时间，直到狗狗非常乐意让你替它刷牙时，时间就可以自由选择了。然后可以减少刷牙的次数，坚持一个月刷一次，以后都是如此。

检查和清洁狗狗的牙齿，让狗狗养成这样的习惯，越早越好。

修剪脚爪

在自然环境下，幼犬会把非常锋利的脚爪放在沙土里磨蹭，让其失去锋利的尖。这是很自然的——它们的妈妈也会因此受到保护，因为幼犬锋利的脚爪很容易刮伤妈妈。家养的狗狗生活的环境完全不同于自然环境，因此，这种情况不会发生。为防止狗狗锋利的爪

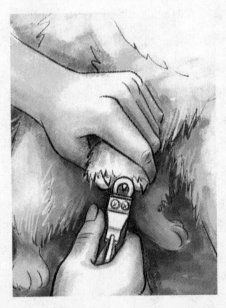

锋利的工具：定期修剪脚爪应该尽早开始——大概在狗狗出生三周后就可以开始了——以防狗狗脚爪过于尖利而在母犬哺乳时受伤。

子伤到主人或自己，主人一定要定期给狗狗修剪。下面就是具体的修剪方法：

- 把狗狗放在一个比较高的台面上，一只胳膊轻轻按住它的上腹部，每个脚爪一一修剪。
- 每一个脚爪上都有血管和细嫩的肉，如果不小心伤到了，会立刻涌出血，因此，修剪时要格外小心。狗狗很小的时候，脚爪尖端有明显的白色。用指甲剪或小剪刀，每次减一点点，直到你看到有血管的脉络从下面通过为止。
- 如果脚爪长长了，下面的肉也会跟着往外长，定期梳理毛发时修剪脚爪可以防止脚爪生长过快。
- 如果狗狗的脚爪比较黑，就比较难看到血管的脉络了。这样的话，最好用指甲锉，把狗狗脚爪的顶端磨平。同样，在水泥地上跑跑，也有助于让锋利的脚爪钝化。
- 手里准备好抗菌剂或绷带以防意外创伤。

悬趾

狗狗生下来在其前腿的两侧就有类似于大拇指一样的部位，极个别的狗狗后腿也有。这就是我们说的悬趾。悬趾是进化的产物，也是狗狗骨骼中经过多年的进化不再有的部分。有时候狗狗的悬趾需要去除，尤其是朝内生长，让狗狗感觉疼痛时。如果是工作犬，悬趾可能会限制狗狗的生长，因此也要去除。有些品种的狗狗按照标准是需要去除悬趾的，在这种情况下，应该交由兽医处理，最好是在狗狗出生后的头几天就进行。

如果狗狗到你家之后悬趾依然在，那就要在给狗狗梳理毛发的时候一起检查。悬趾有毛发、污垢或油脂的积累都要及时去除。悬趾也要修剪，和其他脚爪一样，以避免其向内生长。

　　梳理毛发是检查狗狗身体状况的良好机会，因此一定要保持警惕。当然，你没有办法像兽医那样专业，不过，在第九章我们会看到，哪些症状表明狗狗健康出了问题。如果你能够及早地发现这些症状，兽医开出的大量药物就可以避免了，狗狗也不用那么痛苦和不适了，甚至可以挽救它的性命。

狗狗的行为问题及解决方法

THE PUPPY
LISTENER

Understanding and
Caring for
Your New Puppy

没有什么比看到一只活力旺盛的幼犬自娱自乐更让人舒心的了。这个年龄段的狗狗似乎有用不完的精力，而且它们会毫不吝啬地用掉自己的所有力气，跳来跳去，跑个不停。不过，精力旺盛和坏习惯之间只有一线之差，而且很多幼犬不小心就会越过这条线。在狗狗出生后的八周内，它拥有自由的活动空间。而现在，它在进一步探索和拓展自己的领地，不过，它必须知道边界在哪里——这就是你要教给它的了。在本章我们会讲述一些常见的狗狗行为问题，以及这些问题的解决方案。

啃咬

幼犬长到八周左右时，可能会啃咬家具、室内的装饰和衣物等。当然了，它们对此根本没有什么认识，它们不会认识到抹布和昂贵的窗帘之间的巨大差别。在它们看来，这些都是可以把玩的东西，不过，这样的行为主人是接受不了的，而且必须要制止，否则这种行为在狗狗长大后就会逐步升级，愈发恶劣。

你应该记住，这个阶段狗狗仍然处于出牙期。乳牙慢慢被恒牙所代替，因此，它们需要通过啃咬来锻炼。给狗狗喂食时，在其食谱中加入一些骨头将会有很大的帮助（参考本书中关于选择适合狗

牙齿锻炼：咀嚼棒有助于幼犬刚刚长出的牙齿得到锻炼，保持牙齿的健康。

狗的骨头的篇章）。

　　狗狗玩耍的时候是将其啃咬习惯扼杀在萌芽状态的最好时机。

　　如果狗狗有些行为很不合适，比如，啃咬家具、沙发或窗帘，你可以制作一个玩具箱，用可以啃咬的玩具来吸引狗狗的注意力。你要严格控制其玩耍的时间，这样它就不会反抗你对它的控制和管束了。

　　让狗狗多玩一会儿你为它准备的玩具，以便于其牙齿得到充分的锻炼——可以持续大约10到15分钟的样子。狗狗的兴趣慢慢变小了，就可以把玩具收回了。确保自己不要卷入"拉扯战"。如果狗狗停下来了，把它叫到你的旁边，奖励给它一些食物；如果狗狗又开始啃咬家具了，那就说明你给它的玩具时间不够，这种情况下可以再让它玩一会儿。

　　本书中其他篇章中有具体的建议，你可以看看如果狗狗开始啃咬周围的人的话你该怎么办。

单独相处时的焦虑心理

　　对于八周大的狗狗来说，离开它的兄弟姐妹和母犬是一个让它很受伤的经历。它们的本能告诉它们，它们必须处在安全之中。在来到新家之前，对它来说，所谓的安全就是和它的兄弟姐妹和母犬待在一起。

刚到新家时，狗狗容易害怕，感觉自己被抛弃了，因此，它会经常发出各种奇怪的声音。实际上，这些奇怪的声音更多的是一种抱怨，同时也在表达一种痛苦的心情。因此，在焦虑加剧之前，主人一定要果断迅速地解决这一问题。

来到新家的第一个 48 小时，你要和狗狗待在一起，以弥补它无法和家人相处的痛苦，不过，现在你要教会狗狗独立了。你要让它知道，以后总会有一些时候它会没人陪着，会单独待着，同时你还要让它明白，就算是这样，它也是绝对安全的。

要做到这一点对于主人来说是有难度的，尤其是从没有养过狗狗的人，不过，这对狗狗来说可是非常有利的。最糟糕的莫过于对它说："狗狗自己会度过这段时间的。"结果狗狗会养成一种习惯——只要没人陪着，它就焦虑不安。

让狗狗习惯单独待着要循序渐进地进行。一开始，你要让它习惯你短时间的离开，然后，离开的时间慢慢延长，次数慢慢增加。

关键步骤如下：

1. 在你将要离开狗狗一段时间之前，先确保喂食和大小便已经解决好，然后陪它玩一玩。在这之后它可能会睡一会儿。

2. 打开广播，声音不要太大，这样，当你离开的时候屋子里就不会完全没有声音。

3. 离开之前结束狗狗的玩耍时间，关上门，确保狗狗不会跟着你出去。

4. 离开 10 到 30 分钟。一开始你先待在屋子里的另一处，用这段时间做些家庭琐事，洗洗澡或修修草坪等。

5. 回来的时候，狗狗可能会表现出异常开心的样子，你不要大惊小怪，也不要感觉很麻烦。给它几分钟的平静时间，这期间不要和它有什么交流。注意，在这段时间中不要和狗狗有任何的眼神交流。

6. 五分钟之后，和狗狗一起玩一会儿，持续大约十分钟，抱抱它，和它温存一下。

7. 经常重复以上过程，慢慢延长离开狗狗的时间。

这个练习会让狗狗学会一些重要的东西。首先，它会知道，和主人分开一段时间是很正常的。其次，它会发现和主人短暂的分开没有必要感觉恐惧。这些对于狗狗更好地适应环境，适应家庭的每日生活都是至关重要的。

晚上发出奇怪的声音

狗狗刚来到新家时经常会在晚上发出奇怪的声音。这不需要惊讶。我们晚上睡觉时会把门锁上，把窗子关上，这样会让我们感觉很安全，可是，试想一下，如果我们睡觉时门是大敞着的。我们还能睡着吗？

这就是狗狗来到新环境之后每晚要面对的情形。它们对于锁没有什么概念。对狗狗来说，房子里可能会出现各种威胁。在黑漆漆的晚上，这种对于潜在威胁的恐惧无疑被放大了很多倍。

如果你的狗狗晚上发出了奇怪的声音，那么你一定要果断地让它知道它是安全的。打开灯，然后看看它是否想去大小便。开门时要非常平静，不要大惊小怪。如果它没有去卫生间，你就要表现出有些不愉快了，不过不要批评或抬高声音。只要给它一个眼神，就是你小时候犯错时妈妈看你的那种眼神。这个时候，狗狗很可能会站在那里，摇摇尾巴，充满乞求地看着你。不过，你一定不要轻易地表达同情和谅解。关掉灯，回到床上就可以了。

这个过程可能要重复几次，不过，你一定要坚定自己的想法，坚持自己的做法。最后狗狗就会知道，它不是单独相处，因此，也就不会感觉焦虑了。同样，它还需要知道在房间里要遵循人类的生活规则，晚上就要睡觉。最重要的是，它会明白这里是安全的，晚上房间里的安静和黑暗没有必要害怕。

这一步并不容易做到，不过，你有足够的理由反复练习，一直坚持。不仅仅是为了自己能够睡个好觉，在这个过程中，狗狗会学着看懂你的表情。这对于以后的训练来说是非常好的基础。以后，如果你希望狗狗这样或那样，根本无需提高声音，只要通过表情来传达信息，它就知道自己该怎么做了。

感觉到危险

狗狗多数的极端行为都是因为家里发生了一些不寻常的事情，比如，有客人来访，有人敲门等。按照有些狗狗的性格，它们在这个时候会比较容易实施攻击。

如果从狗狗的角度思考，就不难理解它为什么会有这种反应了。如果主人没有给它传递正确的信息，它会认为它自己是领导者，因此，它会把保护自己所在的领地、保护周围的安全视作是显示自己权威的象征。作为领导者，它们当然是责无旁贷的。因此，门铃响了，或有人敲门，对狗狗来说就等于是拉响了警报。如果站在门口的人无法解释清楚他们是谁，他们为什么站在那里，他们要到房子里做什么，而且无法用狗狗可以理解的语言来解释，那么狗狗就会做出最坏的判断，它们当然就不会对来访者产生任何好感了。

同样的道理，早晨送报纸的人对狗狗来说也是一样的，它怎么知道那张奇奇怪怪塞到邮筒里的东西不会对它、对整个房子造成威胁呢？因此，只要有一点机会，它就不会放过投递"危险品"的那只手。

让狗狗更加困惑的是，狗狗的主人有时会让整个情形变得更加糟糕。狗狗听到有人在门口，可能会叫，或者会到处乱跳，主人看到这个情景就会感觉很尴尬或生气，因此他们会责骂狗狗，甚至有时候主人会动手打狗狗。对于狗狗来说，这些举动根本不能理解，它们觉得它们在履行保护家园的职责。它们期待的是主人的表扬，而不是责骂或大声喧嚷。

考虑到以上这些情况，当主人和狗狗建立起良好的关系之后，主人们要学着尽快让狗狗在这些情况下适当地履行职责，这一点比较重要。

应对感觉危险到来的情况

家里随时会出现各种情景、各种声音，因此，狗狗很容易把这些解读为潜在的危险。外面是小轿车、卡车、飞机和行人的声音；屋内是每日生活必不可少的声响——洗衣机转动的声音、电话铃声，以及孩子在屋子里跌跌撞撞的声音。如果狗狗认为自己是这个集体的主人，它就会觉得所有这些都是潜在的危险，因此，它会相应地给予回应。

如果狗狗感觉到有潜在的危险，主人想要成功应对这一局面，最为关键的是要果断地表现出你的领导地位。你必须让狗狗记得，它在家里是从属于你的。它必须明白，它的角色不需要它来解决眼前被它视作危险的问题。如果它完全相信你的领导地位，那么不管它感觉到了什么危险，它都会相信你。

因此，不管它感觉会出现什么样的危险，不管是什么时候，你都要立刻让它相信你会处理好的。比如说，门铃响了，你直接去门口，确保狗狗在你身后。

如果狗狗不停地大叫或者呜咽，你只要对它说声"谢谢"就可以了。这个时候，你给它传递了三个信息。作为它的领导者，你在告诉它：

- 你听到了门铃声。
- 你感谢它做的一切。
- 你会处理这个问题。

如果来访者进了家门，狗狗还是有些不受欢迎的举动，这个时候你有两个选择：要么让狗狗待在你身边，什么也不说，直到它自己安静下来；要么把它放到另一个房间里。

重要的是，做这些的时候一定保持冷静，一定要迅速。不管狗狗多么让你心烦，你都不要责骂，不要对它大嚷大叫。不要把情况复杂化，戏剧化。只要保持冷静，就足以证明在这个家你是它的领导了。

如果来访者离开时狗狗还是表现得异常兴奋，那就把同样的过程再重复一遍。同样感谢它的反应，然后你来处理其他的问题。通过应对客人的到来和离开，你可以帮助狗狗适应这些事件，让它感觉自然。

要记住，即使狗狗明白了自己并非家里的领导者，它的本能也依然会驱使它将自己完全融入快乐成功的家庭环境当中。它想感觉自己有用，感觉到可以做出一定的贡献。听一听狗狗的想法，告诉它，它已经为保护家园做出了贡献，这样狗狗会感觉到自己作为家庭一员的重要性。狗狗需要这种感觉。

当然了，不同的狗狗性格各异，有些狗狗如果感觉到了潜在的危险，它们可能会更具攻击性。如果狗狗有攻击的倾向，那么主人就要在脖颈上套上脖套了，这个最好在狗狗很小的时候就开始，以便应对其不当的举动。如果它跳起来，或者向来访者发动了攻击，你一定要非常果断地作出回应。狗狗应该用脖套牵着，如果有必要，一定要远离来访者。然后主人再把来访者带到屋子里，仍然远离狗狗。如果狗狗挡路了，主人一定要把它挪到一边去。这样，它就会知道自己的行为会有哪些后果了。

动物之间的竞争

很多人都发现，如果家里已经有一只或多只狗狗了，那么再带新的狗狗回家就很麻烦。这确实不足为奇。在家庭中，人类成员的地位肯定在狗狗之上，但是，在狗狗之间，它们也有自己地位高低顺序的。有时候，这种地位的建立无需对抗，自然就会形成，不过，

传递信息：狗狗通过位置、姿势、眼睛、耳朵以及尾巴来传递信息。

狗狗可能会充满竞争性，它们都希望自己有更高的地位。因此，潜在的暴力举动也就在所难免了。这就是为什么在新成员到家之前，先让它和家里已经养的狗狗在另一个地方见面的原因。如果有条件的话，最好让狗狗们在家之外的地方多见几次。负责任的喂养人会同意你把即将带走的狗狗带去和家里的狗狗见面，他们也愿意在新成员真正融入你的家庭之前一直为你照顾它。如果狗狗彼此之间不喜欢——这种情况一般不太可能出现，狗狗喂养人应该毫不犹豫地帮助主人照顾新成员。

不过，我们并非生活在理想世界中，如果你发现狗狗之间争斗在继续，那么你就要在不能监控它们行为的时候把问题狗狗和其他狗狗分开，直到这种状况解决为止。

狗狗不会对即将生活的环境和群体进行任何假设。只要和它共同相处的，不管是人类，还是其他狗狗，或者是其他物种，它都会与之和平共处。一般来说，它很容易适应环境。尽管如此，狗狗在与其他物种相处时，主人们还是觉得会有很多问题。在应对这些问题时，主人们一定要小心谨慎。

如果主人家中有其他动物，比如，小猫或小兔子，狗狗进入这

水火不相容：如果处理得当，狗狗和小猫等其他动物的冲突就会立刻解决。

种新的环境有困难，那么狗狗主人可以用牵引带之类的东西牵着狗狗，如果它想朝另一个小动物移动，你就可以很容易地控制它了。重要的是不要把情况变得更加复杂，也不要大声喧嚷或批评，只要忽略它就好，不一会儿狗狗的激动和兴奋就会平息。

更小的动物对狗狗来说更是一个长期的挑战。你要记得，狗狗虽然可爱，可它仍然是捕食者。基于此，主人不应该让狗狗单独和小动物相处，比如，小仓鼠、小鸡等都是如此。当然了，如果没人看护，也不要让狗狗单独和婴儿或儿童待在一起。

大小便问题

多数狗狗在其一生中大小便都没有太多的问题，因为它们的天性会让它们保持干净，会选择在户外环境中解决大小便问题。作为狗狗的主人，你应该按照狗狗的本性，引导它养成正确的习惯，如果它们到达规定的大小便地点解决大小便问题，你就应该奖励它们一下。

留个记号：成年狗狗大小便方面也容易出现问题。

118

当然，生活可没有这么简单，有些狗狗在大小便训练方面还是有不少问题的。部分原因还是由于主人或者喂养者，在狗狗三到八周的关键时期，当它自己开始独立大小便时，没有对狗狗进行必要的训练。不过，更严重的问题在于狗狗错误地理解了自己在家庭中的地位。如果狗狗认为它是家里的领导者，它要为它所在的群体负责，那么它就会焦虑、紧张。它会因此而划定自己的领域，或者偶尔出现大小便失禁等问题，偶尔还伴有腹泻等现象。如果狗狗的主人看到这种情况批评或者反应过激，那么狗狗的大小便失常状况只会更加恶化，这就让情况更加糟糕了。狗狗觉得它的工作就是让它所在的群体开心，如果它的大小便问题恰恰惹得它的小群体，尤其是人类朋友不开心了，它就会通过毁掉证据来解决这一问题。最常见的大小便问题有以下几种：

- 没有任何征兆，在家里随处大小便。
- 排便之后自己吃掉粪便。
- 腹泻。
- 尿湿自己。

应对大小便问题

不管对谁来说，狗狗的大小便问题都是让人头痛的。更不用说狗狗将干净的毯子或者沙发弄脏了，想一想就知道那是多么让人沮丧的一件事。不过，解决这个问题的关键恰恰在于将沮丧、愤怒等情绪隐藏起来。

如果狗狗在房间里随意大小便，作为它的领导者，你要做的第一件事就是帮它清理掉脏物。一旦它知道自己不是那个需要负责的领导者，它的焦虑感就会随之消失了。

要监控狗狗的大小便习惯。早晨起床之后和喂食期间一定要注意狗狗是否有想要大小便的迹象，比如，它不停地转圈等。当你看到这类情形时，就要带狗狗去合适大小便的地点，比如，把通往花园的门打开。如果狗狗确实在不合适的地方大小便了，也不要生气。将粪便清理干净，继续手里的事情，就像什么也没发生一样。对于主人来说，最糟糕的做法莫过于大肆宣扬了。

从另一方面来说，如果狗狗在合适的地方大小便了，你就要给它食物以示奖励，并且夸赞它"真干净"、"真棒"等，这样，它就会重新将正确的地点和大小便建立起联系。只要充满耐心，平静对待，狗狗很快就会习惯在合适的地点大小便的。

如果狗狗吃掉了粪便，你一定要在其大小便之后转移其注意力，将它吸引到别处。最好的办法就是当它在指定的地点大小便后，你就把它喊走，给它一定的食物奖励，夸它是"干净的狗狗"，然后把它带回到房间里。当狗狗在房间里关注自己的"小奖励"时，你就可以迅速地清理掉狗狗的粪便了，这样，就不会出任何乱子。

此外，在给狗狗喂食时可以加入一些菠萝或西葫芦，这样，吃掉自己粪便的情况就会有所好转，因为菠萝或西葫芦会让粪便味道非常刺鼻。

总的来说，只要有耐心、有足够的警惕性，当然，重中之重的事是要冷静，问题很快就会解决的。

狗狗的发情行为

公犬长到五个月时就会产生具有受精能力的精子，六个月大的母犬可能已经出现月经了（具体信息请参考本书后文专门讲述这一问题的章节），在发情期的狗狗们可能会变得非常多情。狗狗的性激素分泌过剩，因此会有异常的表现。这种状况不仅仅限于公犬，母犬也会爬跨到其他狗狗身上，甚至会爬跨到玩具、家具，甚至毯子上面。当然了，这种现象是再自然不过的了。可是，狗狗们生活在人类的世界中，它们的这些行为往往会让主人感觉尴尬，因此，主人要加以阻止。

当然了，我并不是说将狗狗拉去进行绝育手术（后文中有具体的介绍），而是要用合适的方法对待狗狗的发情行为。主人一定要让狗狗知道它的行为是不被允许的。

1. 轻轻抓住狗狗的脖套，态度坚决，无需说什么。

2. 把它从另一只狗狗或者有问题的物品旁边拉走。

3. 如果它还是很兴奋，就一直拉着它，态度要坚决，但是不要太咄咄逼人。这个时候不要说话，否则的话，它们的学习过程就被打断了。

4. 狗狗身体放松下来之后，可以让它自由活动。如果它又回到了另一只狗狗或者吸引它的物体旁边，就把整个过程再重复一遍。

可能你遇到的狗狗的各种行为问题，本章并没有描述，不过，解决方法都是遵循一样的原则。要确定狗狗明白你才是那个可以控制局面的人，你才是这个群体的领导者。要确保它知道你会保护它不受伤害。对于狗狗的不当行为不要反应过激，如果有必要，就让狗狗换个地方，不要大嚷，不要责骂。要让它将好的行为和表扬、奖励建立起正面的联系。这样，你的狗狗最终会明白你传递给他的信息的。

出生几周内的健康检查

THE PUPPY
LISTENER

Understanding and
Caring for
Your New Puppy

作为狗狗新的主人，保持狗狗身体健康可能是你最重要的职责了。

不管你为狗狗准备了多么安全、干净、快乐的环境，狗狗还是会面对很多疾病和感染，有些甚至会威胁到狗狗的生命。应对这些的最好方法就是预防，要给狗狗进行早期的蠕虫预防、疫苗接种、眼睛检测、牙齿护理，以及毛发梳理。如果希望狗狗避免受到潜在疾病的威胁，这些行为越早开始越好。

疫苗接种

狗狗出生后的几周内，其对疾病的免疫力完全来自母犬的初乳。不过，这种免疫力很快就会减退。兽医们认为，这种免疫力每八天就会减退一半，因此，狗狗长到 6 到 12 周时，来自初乳的免疫力就完全没有了。

狗狗们面临着很多潜在的疾病，不过，其中给狗狗，尤其是幼犬带来最大威胁的主要有五种病毒。预防是治愈疾病最关键的形式，狗狗接种预防这五种病毒的疫苗非常重要，最好在六到八周时就开始疫苗的接种。

犬瘟热或"硬足掌病"

犬瘟热是最危险的疾病之一,我们常称之为"硬足掌病",因为狗狗的脚掌会因此变硬,变厚,出现破裂。犬瘟热尤其会影响城市区域的狗狗,而且这种疾病会通过尿液、粪便和唾液传染。携带病毒的狗狗呼吸时通过空气中的小飞沫也会将病毒传播给另一只狗狗。

犬瘟热会影响狗狗的皮肤、眼睛、鼻子、肺、胃、肠道,结果会导致狗狗眼睛和鼻子疼痛不堪。犬瘟热还会引起肺炎、腹泻、呕吐和脱水。

因此,狗狗出现任何犬瘟热的症状都要立刻到兽医那里检查,因为通常这种病都是致命的。

肺炎

肺炎首先会对肝脏造成极大破坏,对于幼犬来说这是极其危险的,尤其是不到两岁的幼犬。就像犬瘟热一样,肺炎可以通过尿液、粪便和空气中的小飞沫传播。

肺炎通过血液将病毒传播到肝脏,病毒会破坏肝细胞,导致肝脏增大或出现炎症。狗狗会出现黄疸、严重的腹部疼痛、呕吐、腹泻和脱水。肺炎病毒还会对眼睛及肾脏造成伤害。严重的话,24小时内狗狗就会丧命。

患过肺炎的狗狗,即使康复了,康复后九个月之内都还是非常危险的病毒携带者,其病毒会通过尿液传播。狗狗主人一定要多加注意。

细小病毒

细小病毒主要是通过狗狗之间的身体接触和尿液来传播。它会对狗狗的肠胃造成破坏，对幼犬威胁更大，因为幼犬很可能因此而患上心肌炎等其他疾病。细小病毒危害很大，因为它能够在环境中存活一年之多，而且很多细小病毒即便是消毒液都无法消除。

细小病毒所导致的症状各不相同。有些狗狗最严重的情况也只是出现呕吐、腹泻且大便带血、体温过高、脱水，而其他一些狗狗则会出现抑郁，整个身体机能崩溃，还有个别狗狗在 24 小时之内就会不治而死。

细螺旋体病

细菌感染会给人类带来非常严重的疾病，细螺旋体病对肝脏、肾脏，以及血管都会造成极大的损害。这种病毒通过狗狗之间的身体接触而传播，最常见的是通过尿液传播，如果狗狗脚上有伤口也会造成病毒的感染。狗狗如果感染了这种病毒，会出现黄疸、呕吐、严重腹泻和身体严重脱水等症状。如果肝脏增大，狗狗会出现严重的腹部疼痛。肾脏受到破坏，最糟糕的情况是突发肾衰竭。不过，细螺旋体病不像细小病毒那么持久，通过消毒剂就可以祛除。

细螺旋体病的严重程度各异，但是，如果情况比较糟糕，狗狗也会在两天之内丧命。

犬舍咳

从很多层面上来讲，犬舍咳有些类似于人类的流感，它具有很高的感染性。在狗狗比较密集的地方，比如养狗场、幼犬课堂，以及狗狗秀现场等极容易传播。和其他主要的犬类疾病一样，犬舍咳也是通过空气传播，病毒会在空气中存活十天左右。犬舍咳最初的症状是打喷嚏、干咳和食欲不振。

不过，好在犬舍咳一般不会致命，不会那么危险，就像人类的流感一样。一般情况下，犬舍咳会持续两到三周。主人在狗狗康复后最好将狗狗隔离一段时间，因为症状消失后十周之内狗狗依然还携带这种病毒。

什么时候接种疫苗？

什么时候给狗狗接种疫苗才能让其免疫力最强，不同的人对此观点也各不相同。有些狗狗在六到七周时就已经针对以上五种主要疾病接种了疫苗，还有一些十周大时才接种。专家们一般认为，狗狗接种疫苗最迟不要超过出生后 12 周。

事实上，接种疫苗取决于狗狗出生后最初几周到几个月的具体情况。比如，狗狗可能会随着你外出度假旅行，或者它会在其他狗狗自由漫步的地方穿行而过，这样一来，感染病毒的危险系数就比较高，那么接种疫苗的时间也就要早一些。换句话说，如果狗狗一直陪着你待在家里，那么对于接种疫苗的需要就没有那么迫切了。和其他情况一样，如果你对接种疫苗有疑问，一定要咨询兽医。

为什么要接种疫苗？

很多狗狗的主人都会质疑给狗狗接种疫苗的必要性。最好的解答就是在今天的美国，在美国很多威胁狗狗生命的疾病发病率还是比较低的。事实上，很多致命性的犬类疾病，比如，犬瘟热和细小病毒，由于注射疫苗，在今天几乎不怎么出现了。另外，狗狗主人还要注意一点：不像人类的疾病，犬类疾病是没有特别的治愈方式的。如果狗狗感染了其中某种疾病，它很可能因此而丧命。面对这一让人无奈的事实，有责任心的狗狗的主人们肯定不会再对接种疫苗有丝毫的犹豫了。

各种倡导

关于注射疫苗能够提供多久的免疫力并没有一个确定的结果，兽医们对此也是各持己见。有些人判断有效期一般是一年，也有人说每三年就要带狗狗去接种疫苗。狗狗主人对于有效期的观点也是各不相同，当然，前提是他们认为接种疫苗有必要。不过，在狗狗出国旅行或者即将进入寄宿狗舍之前，有关于最新的疫苗注射证明还是必需的。如果你将要办理宠物护照，那么你就需要给狗狗准备小卡片了，以便记录注射和其他医疗情况的细节。

除虫

蠕虫病毒对狗狗的生活来说是一件很不幸的事。狗狗在不同时期都会感染蠕虫病毒，最容易感染的阶段一般来说都是在狗狗很小的时候。感染蠕虫病毒会导致狗狗体重下降、呕吐、腹泻、腹胀，以及腹部疼痛。如果情况非常糟糕，感染蠕虫也会让狗狗丧命。因此，在狗狗很小的时候就针对蠕虫病毒进行除虫治疗很重要。

蠕虫病毒主要有四种，每一种都生活在狗狗的肠道中，依赖狗狗未消化的食物为生。

蛔虫

蛔虫是最常见的一种蠕虫，狗狗生来体内就有蛔虫，几乎所有的狗狗都是如此。蛔虫看起来有些像橡皮筋，大约有十厘米长。它们通过环境和其他狗狗的粪便得以传播。

蛔虫主要寄生在小肠中，不过也可能会影响大肠、血管和呼吸道。蛔虫会穿透狗狗内脏壁，通过血液进入肝脏、肺等其他器官。这样一来，狗狗也有可能出现肺炎、肝炎等严重的疾病。

绦虫

狗狗感染的几种绦虫中，最常见的是在小肠内的绦虫，它把头紧贴在狗狗小肠内侧，然后身体慢慢长大。当绦虫长到人类肉眼可以看见时，它们就像一小堆放在一起的米粒。幼犬感染绦虫的很少，绦虫一般出现在成年的狗狗当中，它们通过跳蚤传播。感染绦虫最明显的迹象就是肛门部位发痒，狗狗会不停地在地板上磨蹭屁股。如果狗狗感染了绦虫，可以通过其粪便及时发现，另外，观察狗狗的肛门，也会看到有明显症状。

钩虫

钩虫和蛔虫不一样，它们主要靠血液存活，可能会引起狗狗的贫血。它们把卵产在狗狗的粪便中，通过狗狗的粪便传播。

狗狗可能会在很偶然的情况下从土壤或草丛里吞下钩虫的幼体，然后通过母乳或胎盘再进一步传播给幼犬。钩虫还可能通过狗狗吃的肉类传播。这种寄生虫很容易诊断，因为通过肉眼就可以识别。

鞭虫

这种线状的寄生虫大约五至七厘米长，寄生在结肠或小肠中。它们将卵产在狗狗的粪便中，通过狗狗的粪便传播，狗狗只有直接摄入鞭虫的卵才会感染。这种寄生虫也是吸血鬼，如果数量巨大，它们会引起狗狗带血型腹泻，狗狗会出现明显的体重下降。不过，一般来说，鞭虫不会大量产卵，因此，检测时也就较难发现了，即便对于兽医来说也是如此。

什么时候除虫？如何除虫？

母犬在幼犬出生前或者通过母乳都有可能将寄生虫传播给幼犬，因此，及早给狗狗除虫对于喂养人来说至关重要，最理想的是在狗狗出生两到三周左右时。一定要弄清楚将狗狗交给你的那个人有没有给狗狗除虫。在那之后，狗狗每年至少要除虫三次。

不过，好在寄生虫相对来说不难处理，现代医学很发达，狗狗的主人们可以从兽医那里选择多种方案。现在市场上也有除虫药，有片剂、颗粒剂和液体状。液体药物比较好，因为你可以通过注射器直接喷射到狗狗嘴里，服用起来比较方便。

眼科测试

在狗狗出生后 12 周之前，你要带狗狗进行常规的眼科测试。眼睛出现异常也是很常见的，实际上，多数品种的狗狗或多或少都受

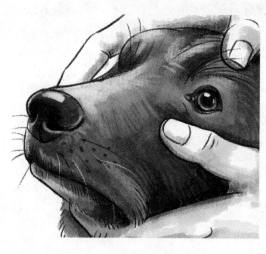

第一次检查：定期的眼睛检查会让狗狗主人知道狗狗是否有患病的症状。

眼科方面疾病的折磨。

最危险的眼科疾病都是遗传的，这种疾病不仅仅会影响狗狗早期的生活，如果喂养人不负责，缺少相关的知识，会造成这种疾病的进一步蔓延。就像髋关节发育不良等其他遗传类疾病一样，主管部门，在英国主要有英国养犬俱乐部和英国兽医协会，会提供一些眼科检测，帮助确定狗狗是否是眼科疾病的携带者。他们会让狗狗的主人登记检测结果，希望减少，甚至根除这类疾病。负责任的狗狗的主人也不会让容易患有这些疾病的狗狗继续繁殖下一代。

狗狗的第一次眼科测试

狗狗的第一次眼科测试应该在狗狗出生 12 周之内进行，之后每年进行一次。兽医一般都有一份清单，上面有 40 个左右的英国兽医协会小组成员。当你预约检测时，你要携带狗狗的注册文件，这样狗狗测试结果的鉴定书才能添加上去。

在进行眼科检测时，医生会往狗狗眼睛里滴入液体，让狗狗的瞳孔放大，以便检测人员能够看清包括眼睑在内的狗狗眼睛的所有结构。狗狗眼睛的大小及位置也会记录下来。然后，检测人员会按照狗狗的眼睛情况将狗狗分成三类：清晰型，这种无需解释；携带者，说明狗狗有一定的眼科遗传情况；感染型，说明狗狗目前有眼睛方面的功能障碍。

这些检测的结果为负责任的狗狗主人以及喂养者提供了简单可行的建议。如果狗狗感染眼科疾病，就不应继续生育。如果狗狗是遗传眼科疾病的携带者，一般来说，也不宜继续生育。只有被诊断为"清晰型"的狗狗才适合继续生育。

包括眼睑和睫毛在内最常见的眼科遗传疾病一般有以下几种：

睑内翻

这是一种最常见的眼睛功能障碍，一般来说，患有睑内翻的狗狗眼睑会向内，睫毛会扎进眼睛。这对狗狗的眼睛来说是极大的刺激，如果不及时治疗，会导致狗狗眼睛失明。狗狗出生之后刚刚睁眼时容易出现睑内翻，长大之后也有再次出现的可能。

睑外翻

狗狗患睑外翻时眼睑会向外，眼泪就会因此聚集在眼袋里。角膜会因此干燥。睑外翻会让狗狗感觉眼部疼痛，如果不加以治疗，最终会导致狗狗失明。

倒睫症

倒睫症就是狗狗的眼睫毛生长方向不正常，直接摩擦到眼睛。倒睫症会引起狗狗眼睛疼痛，如果不加以治疗，也会引起严重的眼科疾病。

双行睫

狗狗患有双行睫，也就是说在眼睑周围多长了一行睫毛，会直接刺痛眼睛。

第三眼睑或"樱桃眼"

每只狗狗都有第三眼睑，第三眼睑又叫瞬膜。瞬膜就像挡风玻璃刮水器，对眼睛起到净化并润滑的作用。对于有些品种来说，比如圣伯纳德犬和侦探猎犬，这是很正常的，对于其他品种来说，第三眼睑就是一种眼科方面的问题了。狗狗如果患有这种眼科疾病，

一般的症状是大眼角出现白色的薄膜或红色的豌豆状的结块，因此，这种疾病又被称作"樱桃眼"。

结膜炎

这种疾病和人类的结膜炎一样，结膜出现感染，狗狗会感觉眼睛疼痛。引起结膜炎的因素有很多，比如，空气中灰尘、烟雾过大、抓伤、眼部感染等。结膜炎的最明显症状就是眼部发红，狗狗总是想抓挠眼睛或眼睛流泪。

青光眼

眼睛要正常工作，就要有液体不断供应给眼部。可是，如果狗狗眼睛的排泪口出现了堵塞，液体就会淤积。眼球会因此伸展，对眼睛造成巨大的压力。青光眼的症状是眼睛发红、模糊、眼泪过多、眼球发胀、对光格外敏感等。青光眼可以通过减少眼部的液体，改善眼部的排泪状况，以及激光手术加以治疗。

白内障

白内障影响眼睛的晶状体，感染白内障的区域不再呈现透明状。白内障的严重与否取决于感染的区域是否很大：不透明区域可能遍及整个眼球，也可能只是很小的一部分。如果白内障区域不大，也没有出现进一步恶化，对狗狗的视力影响就不会太大；而如果白内障感染区域较大，就有可能导致狗狗失明。如果母犬在怀孕期间患病或没有得到很好的喂养，幼犬就有可能出现白内障。

干眼症

干眼症，顾名思义，指的是狗狗眼睛的眼泪过少这一症状。眼泪可以清洁并润滑狗狗眼睛的表面，角膜可以有效控制感染。如果狗狗眼泪过少，就会对角膜和结膜造成长期的刺激，最终会导致角膜溃疡，甚至会导致失明。

病毒性感染或炎症可能会造成干眼症。容易患干眼症的狗狗有牛头梗、可卡犬、拉萨阿普索犬、迷你贵宾犬、迷你雪纳瑞、京巴犬、哈巴狗、狮子狗、标准型雪纳瑞犬、西部高地白梗、约克郡犬等。

治疗干眼症的方法就是定期润滑眼睛，通过刺激剂让眼睛分泌眼泪。

视网膜萎缩

对于视网膜影响最大的眼科疾病就是视网膜萎缩。视网膜萎缩会造成视网膜供血的减缓，最终导致眼部感光细胞死亡。视网膜萎缩是无法治疗的遗传性疾病，很难发现，因为狗狗的症状是逐步出现的。如果狗狗晚上什么都看不到，或者更糟糕一些，甚至完全失明时，狗狗的主人才会发现狗狗眼睛出现了异常，那就迟了，因为这个时候视网膜萎缩已经完全形成了。

柯利眼异常

柯利眼异常一般只限于柯利犬和喜乐蒂牧羊犬。柯利眼异常一般出现在狗狗眼睛内部，会引起视网膜出血或视网膜脱落，最终可能会导致狗狗失明。柯利犬中多数都患有不同程度的柯利眼异常，不过，其中只有5%左右的狗狗因此而失明。

本章涵盖了狗狗在出生12周之内所有需要的医疗测试和具体测试方式。下一章我们将讨论狗狗可能出现的常见健康问题——如何尽早发现狗狗的健康问题和应对方法。

10

家庭诊疗——检查狗狗的健康状况

THE PUPPY
LISTENER

Understanding and
Caring for
Your New Puppy

如果狗狗的主人比较尽责，那么狗狗出现任何身体方面的不适，他或她都会第一时间发现，这样，狗狗的疾病就可以被扼杀在萌芽状态。给狗狗梳理毛发时你会发现一些症状，狗狗也可能会出现食欲不振或精神状态不佳等情况。主人们应该对这些现象多加留意，一旦出现问题，就要进行有效地治疗和应对。

皮肤病

狗狗可能会出现多种皮肤方面的问题，有些会导致其他各种疾病的发生。引发皮肤病的因素有很多，比如，跳蚤、螨虫、虱子和扁虱等寄生虫，另外还有感染。饮食、基因问题、家用清洁用品，以及遗传等也会成为皮肤病的诱发因素。

不管是什么因素导致皮肤病，只要狗狗用爪子抓挠都会让情况更加恶化。这样一来，狗狗会出现毛发脱落、皮肤发炎等症状，因此会经常用爪子抓挠皮肤，这就形成了一个恶性循环，最终会导致狗狗身上留下永久性的伤疤。

对于狗狗皮肤可能出现的问题，没有哪个狗狗主人能够做到完全明察秋毫，不过，只要注意观察，狗狗出现任何皮肤异常的状况你都能够第一时间发现，并且可以迅速采取行动。制止狗狗抓挠的

最好方式是使用消炎药，如果有必要，也可以给狗狗服用镇定剂。不过，有些时候，狗狗的问题其实是一种行为问题，需要全面的对待和治疗。

潜在皮肤问题的症状主要有以下几种：

毛发脱落

注意观察狗狗身上是否有光秃的小块，是否出现了长时间的脱皮或毛发脱落的现象。过分抓挠、饮食不平衡、激素水平失衡等都可能导致以上这些现象的出现。如果是饮食失衡所致，可以在狗狗的饮食中加入多种维生素、少量鱼肝油或植物油，如果不太清楚具体原因，可咨询兽医。

过分抓挠

这是狗狗出现皮肤问题最明显的迹象。不过，由于引发皮肤病的原因有很多，因此，治疗方法并不那么明确。首先要做的是观察狗狗身上抓挠的地方，比如，狗狗抓挠的地方是尾部，那么可能是疮在作怪，出现问题的部位很可能是肛囊。如果不是这一部位，就要注意狗狗是否感染了寄生虫，皮肤是否出现了其他炎症等。多数的寄生虫都可以在家里治疗。如果出现了疮或细菌感染，就要由兽医处理了。

皮肤变红

关于皮肤变红的原因人们的解释也是各不相同，也许是跳蚤、虱子、皮癣，也许是细菌性溃疡，以及各种形式的皮炎。如果皮肤发红的区域相对较小，是局部现象，那么就可以通过炉甘石液来治疗。如果感染区域已经扩大，那就要用滋润型婴儿洗发水给狗狗清洗全身，毛发晾干后再喷涂跳蚤喷雾来治疗了。和其他疾病一样，如果症状一直没有任何减缓，一定要咨询兽医。

皮疹

查看一下狗狗的耳朵、肘关节，以及跗关节有没有发红发痒的红点，如果有，就说明狗狗感染了皮疹。一般来说，皮疹都是有疥螨引起的，也就是我们常说的疥疮，这种皮肤问题十分讨厌，因为它会在狗狗和人类之间传播，如果人类接触到了患病的狗狗，也有可能感染这种皮疹。除此之外，狗狗的主人还应注意狗狗身上是否有舔湿的地方，是否有皮屑、皮毛暗淡无光或皮肤干燥，出现鳞状等。

体外寄生虫

狗狗也有感染体外寄生虫的可能。当你第一次带它出去散步时，就要留意周围的环境，避免狗狗因此而患病。谨防跳蚤、扁虱、虱子、螨虫等。

跳蚤

跳蚤的生命周期可以分为四个阶段：卵状、幼体、蛹和成虫。从卵状到跳蚤成虫的整个过程仅仅需要两周。成虫跳蚤一般能够存活七到十天，不过，这段时间跳蚤足以引起狗狗的强烈不适。

当跳蚤在狗狗身上活动时，狗狗会烦躁不安，甚至会不停地抓挠、撕咬、舔瘙痒处。有时候跳蚤叮咬狗狗时，狗狗会出现过敏症状，甚至严重的皮肤问题，尽管如此，也还是没有明显的迹象表明狗狗皮毛中有跳蚤。

跳蚤很难发现，它们很小，很难通过肉眼看到，而且在狗狗身体上移动得非常迅速。不过，跳蚤习惯于在狗狗身体的某一区域固定不动，通常都是在尾巴周围，耳朵、脖子以及肚子等处。检查狗狗身上是否有跳蚤的方式就是仔细梳理狗狗的毛发，把脱落的东西放到一张白色的面巾纸上。如果有红色的小颗粒，那就说明狗狗很可能有跳蚤——这种红色的小颗粒很可能是狗狗感染跳蚤之后被跳蚤叮咬后凝固的血液。

如何治疗跳蚤

如果狗狗身上有跳蚤，不及时治疗，长期发展下去就会引发其他各种问题，比如贫血。而且跳蚤会成倍繁殖，最终主人也难逃其干扰。因此，治疗跳蚤非常重要，不仅要治疗，而且要在发现后尽早动手。

控制跳蚤的方法有很多，比如，灭蚤颈圈、蚤粉、洗发水，以及跳蚤喷雾等。过去杀灭跳蚤的方法，一定要把狗狗全身沾满药；而现在医学比较发达了，只要在颈部后面涂抹就可以了。在颈部后面涂抹药物之后，狗狗整个身体都会受到保护。此外，你还可以看看狗狗睡觉的地方，把被褥、垫子清洗一下。

跳蚤还可能滋生绦虫，因此，如果狗狗身上有跳蚤，除了对症治疗之外，还要给狗狗除虫。

扁虱

扁虱是一种极其讨厌的吸血性寄生虫，最常见的是绵羊虱蝇和刺猬扁虱。一看名字就知道，这些扁虱一开始是其他动物感染，然后当狗狗漫步在草丛、林地时又传播到狗狗身上的。扁虱没有跳蚤常见，不过扁虱会引起狗狗皮肤红肿和感染。在某些地区，扁虱还会传染类似于莱姆病等致命性疾病。因此，尽快地有效治疗非常重要。

扁虱的生命周期一般会持续三年，有三个阶段构成，在最后一个生命阶段时扁虱容易给狗狗带来伤害，因为那个时候扁虱已经完全长成了成虫，它们会在狗狗身上找到最合适的地方。扁虱喜欢待在狗狗的脸上、耳朵，以及肚子上，然后以吸食狗狗的血液为生，将已经带有的病毒继续传播给血液的主人。扁虱寄生在狗狗的皮肤上，因此，会在狗狗身上留下讨厌的脓肿。

狗狗身上有扁虱的最明显特征就是皮肤上有小灰点。狗狗主人一般容易把狗狗身上的疣或其他肿块和这种小灰点混淆，不过，这种小灰点最明显的特征就是会长大，通常能够长到豌豆大小。

如何治疗扁虱

要去除狗狗皮肤上的扁虱非常复杂，因为扁虱很狡猾，它们总是会将嘴巴紧紧贴附在狗狗的皮肤上。狗狗的主人们一不小心就会把扁虱身体去除，可是嘴巴却留了下来，这样的话，就比较麻烦了。如果狗狗真的得了扁虱，一定要带狗狗去看兽医，否则的话，扁虱很有可能造成狗狗贫血，严重的话还会死亡。扁虱还会在狗狗和人类之间传播各种传染病。因此，狗狗皮肤上出现扁虱尽快处理很重要。

你可以在狗狗出现扁虱之前就做提前预防性治疗。如果你生活在乡村地区，想要带狗狗到田间树林散散步就更应该提前预防。如果狗狗有可能接触绵羊，那么就一定要提前预防扁虱了。

螨虫

会引起狗狗健康问题的螨虫主要有三类：

"幼犬脓皮病"是一种幼犬中常见的非常讨厌的问题，主要因为幼犬对螨虫中最常见的蠕形螨缺乏天然的抵抗力所致。多数狗狗感染这种螨虫都不会有太大问题，不过，蠕形螨会引起狗狗头部和肩部出现皮炎，如果不及时治疗，就有可能出现脓皮病。杜宾犬、腊肠犬、爱尔兰雪达犬都是比较容易感染蠕形螨的品种，患有蠕形螨之后，狗狗会发出一种类似于"老鼠"的气味。如果你发现狗狗有某些部位毛发脱落、皮肤渗脓或溃疡，就要及时去看兽医了。

疥疮是由狗狗皮肤中的疥螨不断产卵形成的。如果狗狗皮肤上有疥疮，会非常痒，它会不断抓挠，最后皮肤上会留下很多疤痕。疥疮可以通过驱虫香波清洗来治疗，如果狗狗不断抓挠，也可以给狗狗服用一定量的镇定剂。

耳螨是唯一一种肉眼可以看到的螨虫，耳螨会引起狗狗耳朵发炎，如果狗狗耳内有耳螨，你会看到狗狗耳道里有白色的小点在移动。和其他疾病一样，狗狗出现耳螨要去看兽医，做进一步诊断和治疗。

耳病

狗狗耳部出现感染相对来说比较常见，耳部感染主要有两种：外耳道感染，也就是常说的外耳炎；鼓室感染，也就是常说的中耳炎。有些品种的狗狗比较容易感染耳病。如果狗狗耳朵松软下垂，比如说可卡犬或矮腿猎犬，因外耳道通风不好，就容易感染耳病。外耳道通风不好，耳道内温度就会偏高，多余的耳垢就会引起感染。毛发较硬、较卷曲的狗狗，比如贵宾犬也容易感染耳病，因为外耳道狭窄，耳道内毛发和耳垢较多，这些都是滋生感染的温床。

狗狗感染耳病主要有三种症状，其中前两种症状通过给狗狗做定期的身体检查可以及时发现。

耳朵的分泌物

耳朵的分泌物主要有三种，每一种都说明外耳和外耳道的细菌感染状况：

- 如果分泌物很硬，有黑色的小点，这说明狗狗耳内很可能有耳螨。
- 如果分泌物是黏液状，发黑，那就说明狗狗耳内出现了酵母菌感染。
- 如果分泌物很厚，呈黄色，说明狗狗耳内出现了细菌感染。

出现以下症状，一定要及时就医：

耳朵肿胀或疼痛

如果你发现狗狗有摇头、用力抓挠耳朵等行为，或当触碰其耳朵周围时，狗狗有不适感或往后退缩的话，你应该考虑以下可能性的因素：

- 如果狗狗耳朵内侧有肿胀，最可能的原因就是耳血肿。
- 如果耳朵看似干净，可是触碰耳朵时仍然疼痛，这就说明耳朵里有异物，比如，草籽进入了耳朵。作为狗狗的主人，最好保持狗狗耳朵的清洁，如果狗狗耳朵里有异物，不要自己去除，要及时咨询兽医。

听力差

狗狗完全失聪的案例并不多见，不过，耳部出现感染会对听力造成暂时的损害。狗狗听力如果出现问题，主要有以下几种迹象：

- 抓挠头部。

- 叫它吃饭或散步时，它的表现和平常不一样，变得没有回应了。

- 耳中有分泌物（具体内容请参考上文）。

如何检查狗狗的耳朵

轻轻翻开狗狗的耳朵，检查一下外耳道。如果有必要，可以使用手电筒。耳朵如果健康，外耳道是干净的，就像狗狗腹部没有毛发的地方一样。要注意的是狗狗外耳道是否有发炎的症状，是否有过多的毛发或耳垢。少许的耳垢不必担心，可以不用处理，不过，如果外耳道有很多耳垢，那就需要清理一下了。可以在手指上放一些药棉来帮助狗狗清理外耳道。要小心，不要太用力，同时还要避免使用棉签，因为棉签可能会给狗狗的耳朵造成伤害。最后可以用专门清洁耳朵的液体来清理一下，这种清洁液在兽医那里就可以买到。往狗狗耳朵里滴入几滴清洁液，然后用药棉对耳朵周围也稍作处理。

闻一闻耳朵有没有异味也很重要，这样也能发现耳朵内部是不是出现了感染。任何担忧都应该及时向兽医反应。

眼睛问题

狗狗眼睛容易出现很多问题和功能障碍。其中有些疾病是遗传性的，有些是后天形成的，还有一些是由于身体创伤或感染引发的。狗狗出生 12 周之内应该进行一次常规眼科测试，看看狗狗是否有遗传方面的疾病或是其他眼睛方面的问题。

在进行眼科检查之前，如果狗狗眼睛有问题，通过理毛等身体检查，你也会发现一些症状。

如果狗狗出现了视力障碍，比如，碰撞家具，走路比平常缓慢、小心，狗狗显然是眼睛出现了问题，这个时候你就要警惕了，要立刻带狗狗去看兽医。除此之外，还有一些迹象需要关注，具体如下：

眼屎过多

很多狗狗眼角处都会分泌少量的黏液，或者称为"眼屎"，黏液本身倒没有什么危险，不过，如果不及时清理，就会成为细菌和感染的温床。给狗狗理毛的时候要注意狗狗的眼睛，出现"眼屎"的话，可以用手指清理掉，如果眼屎已经变干了，就用潮湿的药棉清理掉。

眼睛肿胀

狗狗的眼睛主要会出现两种不同情况的肿胀。眼睛后面的组织会发炎肿胀，眼睛因此会被前推，眼球本身也会变大，慢慢从眼窝中胀出。眼睛存在以上问题最明显的迹象就是闭眼时眼睑出现问题、瞳孔变大、眼睛中有玻璃体、一只眼球比另一只眼球凸出等。如果有这些现象，一定要咨询兽医。

眼睛流泪

眼睛分泌物过多或眼睛流泪过多都可以说明狗狗的眼睛出现了问题。

- 如果分泌物清澈，说明狗狗可能得了结膜炎，最坏的结果也就是泪腺受阻，不过，这并不那么严重。

- 如果分泌物浑浊、有色、浓厚，说明狗狗的眼睛出现了感染，比如说得了犬瘟热。

小心修剪狗狗眼睛周围的毛发，有助于避免以上眼睛疾病的发生。从短期来说，用洗眼水、硼酸溶液或冷的淡茶清洗眼睛，症状可以有所减轻。不过，如果一段时间之后，症状依然没有任何变化，就要咨询兽医了。

狗狗的牙齿

在自然环境下，对于狼来说，坚固健康的牙齿是最关键的武器了。它们靠牙齿存活下去，靠牙齿捕捉猎物，同样，也是靠牙齿来肢解和分割被它们杀死的动物。

牙齿的这些功能同样也维持着狼的口腔健康。狼要花很长时间来撕裂、咬碎、咀嚼死掉的动物，这个过程也就维持了其牙齿的锋利性，按摩了牙龈，同时也增加了其口腔的唾液，维持了口腔的健康。每天对其牙齿的大量锻炼就避免了牙垢的形成和各种牙龈疾病的产生。

相比来说，家养的狗狗就得不到这样的锻炼了。最近的调查数据表明，狗狗中有85%都有口腔问题，到目前为止，最多的问题还是牙垢以及牙龈疾病，尤其是齿龈炎。狗狗的口腔健康也是主人们需要认真对待的问题之一，对于狗狗的健康来说，这也是最关键的方面之一。

幸好，狗狗食品制造商生产制造"牙齿友好型"食品，这些食品含有一定的矿物质，有助于抑制牙菌斑，防止牙垢形成。制造商把食物制造成容易磨碎的种类，这样，狗狗就有东西可以咀嚼了。这和狼捕猎、撕咬猎物的过程不一样，因为容易磨碎的食物对于切牙和犬牙来说并没有给予足够的锻炼，因此，狗狗还是需要刷牙的。狗狗慢慢长大一些后，我们可以让它在玩耍的时候多多咀嚼骨头。

检查狗狗的口腔

狗狗对于主人的信任一旦建立，就可以尝试着检查一下狗狗的口腔了，不过，这个过程一定要小心谨慎。

1. 让狗狗坐在较高的地方，这样，你就可以平视狗狗，检查一下狗狗的口腔情况了。

2. 用一只手固定住狗狗的下颌，另一只手轻轻掰开上下唇，让狗狗的牙齿和牙龈露出来。

3. 首先检查牙齿的外部，看看是否有斑点，是否缺少健康牙齿应该有的光泽，如果缺少光泽，那就说明牙髓有坏死的可能。

4. 看看是否有明显的牙垢，这是牙龈疾病的先兆。

5. 看看下颌两边的牙龈，注意是否有发炎或发灰的迹象。

6. 用拇指和食指进一步掰开狗狗的嘴巴，检查上颌。

7. 不仅要看牙齿和牙龈，还要注意检查硬腭和舌头。

8. 最后，注意狗狗的口气。如果狗狗口气不好，一定要咨询兽医。

以下是最常见的口腔问题，以及关于治疗和咨询的建议：

口臭

引起口臭的原因有三：牙齿之间的缝隙滋生细菌；牙垢或牙龈感染。如果有这些症状，应该及时告诉兽医。

牙龈疾病

牙龈疾病主要有两种，这两种都和牙齿周围的组织有关。牙龈炎是牙龈出现发炎的症状或牙齿因为细菌滋生而出现发炎的症状。牙周炎出现在牙周膜上，是牙齿周围更深一层的结构。牙龈疾病是

比较常见的犬类疾病，几乎所有的狗狗在成长过程中都有可能患牙龈疾病。现在市场上有一些特殊配方的牙膏和杀菌漱口水，可以帮助狗狗尽早预防口腔感染，如果这些东西在一两天之内都没有效果，就要尽快看兽医了。

遗留的乳牙

狗狗长到五个月左右时，乳牙就会脱落，恒牙取而代之。不过，有时候个别乳牙会遗留下来，和恒牙并列，这样，狗狗的牙齿就会参差不齐，也会引发其他各种问题，因此，如果狗狗乳牙有遗留的情况，主人一定要尽早处理。恒牙长好后，主人就要定期检查狗狗的上颌和下颌，注意是否有双排牙齿的情况。如果有，乳牙一定要及时拔掉。

咬合错位

最"标准"的犬齿咬合或闭合应该是下巴自然收紧时，上切齿和下切齿稍有重合。如果达不到这个标准，就称为咬合错位，如果下颌比上颌短许多，就是短下颚型；相反，如果上颌比下颌短许多，就是长下颚型。由于狗狗品种多样，大约有20%的狗狗都有咬合错位的现象。比如，拳师犬就是典型的长下颚型。

不过，咬合错位也有非天然的情况，这样的话，主人可以带狗狗去治疗，但是，这样的狗狗不宜再进行生育了。

断牙

狗狗可能什么都会往嘴巴里放。为了试用新的牙齿，它们可能会咀嚼石块、木头、金属、绳子等等，这就会引发意外情况了——狗狗可能牙齿会断裂。这对狗狗来说比较痛苦，不太严重的话可以通过牙根管进行治疗，严重的话必须及时拔掉。

唇炎

口腔感染可能会危及狗狗的唇部，会出现嘴角干燥、脱皮，甚至是皲裂。如果狗狗咀嚼坚硬的物体，嘴唇也会出现发炎的症状。嘴唇发炎不严重的话不用服药也可以康复，不过，如果有外用软膏，可能会更有效。

唇褶皱炎症或"长耳猎犬嘴"

有些运动犬（猎犬）生来上唇就多褶皱。食物和唾液容易聚集在褶皱中，因而会滋生细菌。嘴唇上的褶皱容易出现炎症，也会引发狗狗口气重和其他疾病。最容易出现这种炎症的是长耳猎犬，因此，人们也把唇褶皱炎症称为"长耳猎犬嘴"。因此，狗狗主人要定期帮助狗狗清理嘴唇上的褶皱部位，用稀释的硫酸镁溶液就可以。

窒息

幼犬喜欢将小物品放到嘴巴里，出现这种情况时，狗狗的主人一定要及时制止。这类问题在家训练时就可以解决。当狗狗摆弄较小的物品时，主人可以阻止，让狗狗认识到小的物品不可以玩，狗狗再长大一些时，主人还要注意阻止其玩棍棒类的物品。很多主人觉得这没什么不合适，可是，一旦棍棒断裂，就很容易伤到狗狗的口腔及咽喉，甚至会造成狗狗窒息。

狗狗如果出现了窒息，表现是非常明显的，主要有以下几点：

- 很痛苦，发出窒息的声音
- 作呕
- 烦躁

- 眼睛发胀

- 抓挠嘴巴

- 在地板上不停地磨蹭脸

如果狗狗出现了以上某种情况，你应该这么做：

1. 保持冷静，控制住狗狗不要让其乱动，便于检查其口腔。

2. 如果旁边有人，可以请他或她帮忙。如果狗狗感觉很痛苦，很可能会猛烈攻击或咬伤别人。

3. 一手固定住狗狗的上颚，然后轻轻按住其上唇。

4. 另一只手将狗狗的下颚往下压。

5. 用钢笔、小勺子或镊子之类的东西将狗狗口中的异物撬出来。

6. 注意不要给狗狗带来更多的伤害。比如，如果你看到狗狗口中是绳子或鱼线之类的物品，一定不要使劲拉，因为另一端很可能连着钩子，使劲拉扯必然会伤着狗狗的咽喉，甚至胃部。

7. 如果没有成功取出狗狗口中的异物，一定要立刻去看兽医。

狗狗的脚

如果狗狗走路有些跛，一定要看看脚爪是否有伤口或其他异物嵌到了脚心里。有些狗狗，如西班牙猎犬，脚趾中间毛发浓密，因此很容易生成厚厚的脚垫；如果是在乡村生活的狗狗，脚掌中就容易有很多草籽、泥土，以及其他碎屑。如果不帮助狗狗清理，草籽就会嵌到狗狗的皮肤里，导致皮肤感染或者囊肿。因此，定期检查狗狗的脚掌很重要，定期检查就可以把多余的毛发和小杂物及时清理干净。

如果狗狗脚上有伤，你可以看看是否有异物嵌在脚掌上，如果有，可以按照以下步骤处理：

1. 小心将异物清理干净，一定要用消过毒的镊子来处理。

2. 给伤口杀菌。

3. 如果脚上扎入了刺，肉眼可能只会看到刺的一部分，这个时候，最好用消过毒的针轻轻拨开刺周围的皮肤，然后用镊子把刺从皮肤中取出。

4. 如果异物在皮肤里面，不容易取出，可以将狗狗的脚浸入盐水中，直到异物紧贴着皮肤为止。如果扎入较深，就要咨询兽医了。

肛囊

对于狗狗的主人来说，检查狗狗的肛囊可能是最无趣的一项工作了。肛囊是两个五毫米的凹槽，在狗狗肛门的两侧，分别在四点钟和八点钟的位置。肛囊中有定期分泌排泄物的细胞。在自然环境中，分泌物用来标记自己的地盘，不过，家养的狗狗就不需要标记地盘了，对于它们来说，唯一的作用就是吸引其他狗狗的注意，对于人类来说，这一点真是难以理解。

所有的狗狗都要定期清空肛囊，清理的方式就是排便。不过，有时候肛囊会受阻，如果是这样，狗狗会感觉疼痛难忍。

狗狗的肛囊出现堵塞，通常会表现得烦躁不安。它可能会在原地来回地追着自己的屁股跑，或者会舔疼痛的部位。如果狗狗有这些症状，主人一定要及时咨询兽医，因为肛囊受阻会形成感染，甚至会致癌。为了不让事情变得那么糟糕，一定要在给狗狗理毛的时候检查一下肛门附近，看看狗狗是否一切正常。

肛囊就像一串硬硬的葡萄，如果你触碰到这里时，狗狗的反应表现出很疼的样子，你可以用手指移动堵塞的地方或者用药棉往外挤压肛囊帮助狗狗清理体内的废物。这对于狗狗以及主人来说都不是什么愉快的经历，当然了，如果是第一次，最好请兽医来帮忙。

除了自己多加留意狗狗的健康状况之外，你还要每年带狗狗去兽医那里做检查，这样，如果有潜在的健康问题就可以及时发现并治疗。让幼犬尽早习惯看兽医，这对于它的健康成长来说也是很重要的。

11

拓展范围

THE PUPPY
LISTENER

Understanding and
Caring for
Your New Puppy

　　从出生一直到 14 周，狗狗的活动范围都应该在家里。原因主要有以下几个：第一，狗狗的身体还没有完全长成，不能进行长时间的散步。不到 14 周的狗狗很容易疲倦，长时间散步对于正在发育的脚和骨骼来说也容易造成破坏。更重要的是，它还没有接种所有的疫苗。对于外界各种潜在的危险，狗狗没有任何抵抗力，因此，它不能出去。最后，在出生之后的 14 周之内，狗狗还在慢慢适应新家的景象、气味，以及声音，这个时候出去，它会觉得外面的世界非常恐怖。

　　狗狗长到 14 周时，你就可以尝试着把它带出家门了，让它慢慢了解外面的世界，这样，它的身体也会得到成长所需的更多的锻炼。不过，一开始狗狗不应该离开家太远，如果是体型较小的狗狗，更不适合长时间走路了；体型较大的狗狗，14 周左右时骨骼也依然比较脆弱，如果主人让它们过度训练，那么身体就会受到伤害。如果是散步，最远控制在家附近一公里的距离，一开始最好更短，保持在几百米即可。

　　不过，在离开家出门散步之前，一定要让狗狗掌握散步的重要规则。它们尤其要明白如何在主人的指引下散步，如何对主人的重要指示做出回应。这还不是全部，狗狗的世界慢慢扩大，在这个过程中它有各种新的经历，这些它都要吸收，领会。因此，主人还需

要帮助狗狗了解肢体语言。只有这样，它才能更好地融入身边的世界。（这一部分下一章会详细讲述）

学会紧随主人

让狗狗学会散步的时候乖乖被主人牵着走，无论对于狗狗还是对于主人，都是有好处的。

在狗狗的主人看来，没有谁想在散步的时候拖着一条不断拉扯、想要用力挣脱的狗狗。本来应该是一种非常愉悦的锻炼，可是因为狗狗不配合，一切都变了味儿。

在狗狗看来，不习惯被绳索牵着也不好。它想要自由自在地探索周围的世界，可是，脖子上套着脖套，另一端又有主人的拉扯，如果主人随意缩短散步的路线，狗狗自由探索的打算就更不可能实现了。

如果反过来看，狗狗愿意跟着主人一起散步，步调协调一致，不管是加速、减速、停下，还是转弯，它都能够和它的主人配合默契，那么散步就会成为一天之中最美好的时刻。

当然了，不管怎样，主人还是要谨慎。

和其他方面的训练一样，训练狗狗散步要想达到理想的效果，就一定要有一套结构明晰、有纪律指导的方法。理想的结果并不能一蹴而就，欲速则不达——这是确凿无疑的：如果你给出一个小时的时间，那么可能最终15分钟就做好了，而如果你只给出15分钟，那么结果反倒会花上一小时才达到目标。因此，一开始要留出足够的时间。

还有一点需要格外谨慎，就是用食物作为奖励。在训练过程中可能需要很多食物作为奖励，因此，主人要注意分量和频率。在给狗狗奖励时，只要给小一些的肉条就可以了。锻炼狗狗散步是为了增进狗狗的健康——切记不要适得其反。

关于训练狗狗散步，主人可以参考以下指导建议，以此逐步展开：

1. 选择狗狗在身体哪一边

首先你要选择一下散步的时候你想让狗狗在你身体的哪一边。多数人都比较喜欢散步时狗狗在身体左侧。这主要来自人们驯养猎犬或运动犬的习惯，一般来说，人们外出打猎的时候都习惯于用右手操作猎枪，因此，让猎犬在左侧更为容易，也更为方便。当然了，让狗狗在身体右侧也没什么不对的。不管是在哪一边，重要的是在做出选择之后就一直坚持下去。以下几条建议都是以狗狗在身体左侧为前提的，如果你想让狗狗在身体右侧，那么只要把下面的建议反过来就可以了。

2. 让狗狗紧紧跟随

找一块空间比较大的地方，以便于狗狗和主人能够自由散步，带上用作奖励的食物。用左手拿着小奖励，然后背对着狗狗。左手自然下垂，手的高度正好在狗狗鼻子左右。同时喊狗狗的名字，让它到你旁边来。

如果狗狗按照指示来到了你的身边，可以给它食物奖励，并且夸赞它。

如果狗狗没有过来，不要立刻重复。过一小时左右再重复这个过程。耐心十分重要。

3. 并排散步

狗狗读懂你的指令，乖乖到你的身边来之后，那你就可以开始

带着它慢慢散步了。这项练习的目的是让狗狗紧挨着你的左腿，和你一起慢慢往前走，你手里牵着狗狗的绳子不用拉扯得太紧。

一开始，可以再次唤狗狗，让它到你的身边来，然后往前走几步，用食物奖励鼓励它跟着你一起往前走。要记住，狗狗可不会猜你的心思，紧随你身边往前走也并非它生来就会的。如果它慢慢走偏了，你要鼓励它，让它过来，给它一些食物奖励，让它对于回到你的身边建立起正面的联想。你可以不断重复"跟着我"，让它记住要怎么做。如果狗狗领会了，一路上都是紧紧跟随着主人的，一定要记得表扬它，最后还要给它一次食物奖励。

和其他训练一样，这项训练需要注意的还是保持冷静，不要慌张。看到狗狗没有反应，不管你是多么沮丧和烦躁，都不要表现出来。否则的话，狗狗会因此而感觉焦虑，你们之前建立起的信任可能就有受损的危险。如果这样，它就会试着离开你，这肯定是你最不希望看到的结果。

你要做的就是冷静，再冷静，稍后重新开始。

4. 让练习多样化

一旦狗狗掌握了紧随你散步的技巧，你就可以开始变换一下散步的方向和时间了。在练习过程中要时不时停下来，然后再次开始。让狗狗为周围的真实世界做好准备，在真实的世界中，它要走的路线肯定是各种各样的。如果散步时对于时间和路线的变化它能够应对自如，那么下一项训练就可以开始了：让主人牵着走。

让主人牵着走

牵引狗狗用的皮带或绳索是狗狗的主人将要使用的最重要的设

备之一。这条皮带或绳索是一条安全线，它将狗狗和其监护者连在了一起，让狗狗尽可能避免外界的各种危险。在一些极端的案例中，这条皮带或绳索还可能救狗狗的命。因此，狗狗不仅要适应身上系着皮带或绳索，还要适应散步时有它，第一次散步之前就能够及时准确地回应主人通过皮带或绳索传达的信息。

以下就是使用皮带或绳索的具体指导：

1. 给狗狗套上皮带或绳索

和往常一样，让狗狗到你跟前来。弯下身子，小心翼翼地把绳索或皮带的环套在狗狗头上。要确保狗狗舒适，皮带或绳索不要太紧，太紧狗狗会窒息，当然也不要太松，太松的话活跃的狗狗会直接挣脱脖子上的套子跑开。你要做的是轻轻将皮带或绳索给狗狗带上，不要有任何小题大做的表现。如果第一次就非常成功地帮狗狗带上了脖套，你可以表扬一下狗狗。

2. 牵着走

重复以往的"紧随左右"的练习动作，让狗狗像往常一样待在你旁边。如果它开始拉扯或猛拽脖子上的套子，你可以停下来，冷静地坚持自己的立场。狗狗要在一开始就明白，拉扯是不被接受的。让狗狗重新来到你旁边，再重复一遍练习。如果这一次一直到最后狗狗都没有用力拉扯，你就可以表扬一下它，或用食物奖励一下。这是它应该得到的奖赏。

3. 学会转弯

没有什么散步是只需要径直往前的，狗狗肯定要面对转弯，因此，必须学会在你的控制下转弯。这些小技巧在离开家到外面散步

之前就应该练习。这里我再重复一次，多数人都喜欢让狗狗在他们左边，如果你喜欢狗狗在你的右边，那么下面的指导就要反过来做了。

向右转

虽然对你来讲散步时每次转弯都是很自然的事情，可是，如果你不跟狗狗说，它是不会明白的。让狗狗明白要转弯的最佳方式就是用它能够读懂的肢体语言来解释。

如果需要向右转，你首先要动右腿，做一个转身的动作，不要先动左腿，这样狗狗会觉得很困惑，也会给你带来很多麻烦。你先动左腿的话狗狗就没有办法向右转了，这样狗狗和主人很容易绊倒彼此。

转身的时候同时用简单的语言表述，让狗狗能够将之与向右转的动作结合起来。狗狗的主人一般都习惯说"跟上"。当你转动身体的时候，狗狗的头也会随着皮带或绳索移动，身子也就自然朝右转动了。

向左转

向左转比向右转稍微复杂一些。首先要收紧你手里的皮带或绳索，这样狗狗向左转时皮带或绳索就不会很松。收紧手里的皮带或绳索也有利于狗狗紧靠着你的左边。接着尽可能原地迈出左脚，与此同时，要选择简单的语言表达，这个简单的词语以后要一直使用。狗狗的主人们习惯用"后退"，因为狗狗这个时候确实要往后退一些。

当你往左转的时候，狗狗应该自然地往后退一些。因为这个时候你的身体对狗狗的身体形成了轻微的压力，它也会自然往左转。这个时候的关键是不要转得太突然，太用力。要很自然、很平静地去练习。狗狗应该自然地跟着主人的左右腿左转或右转。

4. 停下并让狗狗学会"等一下"

在家的时候，你和狗狗所面对的环境是安全的，是可预测的。可是，外面的环境就不一样了，你必须能够让狗狗立刻停下，这种控制在紧要关头说不定会救狗狗一命。

进行"紧随左右"练习的时候就要直接让狗狗接受"等一下"这个指令，在练习过程中时不时突然停止，同时传达给狗狗一个短暂、干脆的"等一下"指令——当然语气不能太吓人。

如果狗狗按照你说的去做了，就给它一些奖励。这样它就会建立起积极的联系。之后继续散步，并时不时进行"停下来"的练习。

5. 模仿真正的散步

一切条件都合适的话，你就可以找一块地方延长散步的距离了。这个时候要模仿真正的散步了。把所有散步时可能需要的指令都用上：转弯、等待。把这些指令都混起来，让狗狗无法推测接下来会是什么，让它去猜，去思考，整个散步过程都保持这样的状态。要慢慢做到不通过皮带或绳索，狗狗就会按照指令去行动。相互配合的训练最终就是要达到这样的结果——在旁人看来，你和狗狗之间似乎有一条隐形的线连着彼此。如果能够做到，你就可以带着狗狗真正出去散步了。

第一次真正的散步

主人应该花点时间从狗狗的角度思考一下问题，第一次外出散步时尤其应该如此。

狗狗把自己看作是它所在群体的一份子，因此，当它和它的群

体成员一起出门，步入真正的世界的时候，就像它的祖先狼外出捕猎一样。这也是群体的领袖——公狼首领向群体的其他成员展现自己权威的关键时刻。公狼首领确定整个群体外出狩猎的时间。在群体出发之前，公狼首领要确保离开自己的家园是安全的。当它能够确保这一点时，他就会带领着狼群出发，然后，它会为狼群选择出发的方向。

对于家养的狗狗来说，散步也具有同样的重要作用。因此，主人要负责好散步的方方面面，就像狼群中公狼首领或母狼首领所做的那样。

到此为止，散步的所有基础就已经具备了。狗狗和主人之间具备了信任，建立了亲密的关系，它也了解了怎样紧随着主人散步。因此，它可以随着主人到外面的世界了，当然了，不管怎样，主人一定要确保狗狗的安全。

第一次散步对于主人和狗狗来说都是非常重要的。你希望狗狗能够建立起积极正面的联系，因此，最好选择容易让彼此留下愉悦回忆的一天，你要有充足的时间，如果可以的话，天气尽量宜人。散步的地方最好在你认为安全的范围之内。你要不断地问问自己："我是不是很愉悦呢？是不是可以控制局面呢？"

如果答案是肯定的，那就继续下去。如果你不能肯定回答，那就退回一步，继续在家里训练，直到你感觉更合适为止。

当第一次外出散步时，尽可能按照以下原则来进行：

1. 准备出门

准备出门时最关键的一点是记得你要在前面带着狗狗，你要先跨过门槛，你要决定散步的长度、时间，以及方向。出门前这些都要考虑好。

和平时训练一样，让狗狗紧随在你的左右，用皮带或绳索牵着它，然后再往门口走。

狗狗们都很聪明，它们很快就会发现今天的路线和往常有所不同。如果它突然变得很焦虑或不停地拉扯，那就要先停下，平静地对待狗狗的反应。不要夸张，不要提高嗓门。等狗狗平静下来之后，可以再尝试一次，让狗狗到你旁边来，从头开始。

2. 跨过门槛

要确定在狗狗出门之前，你要先跨过门槛。如果狗狗想要先出去，你一定要制止，重新回到房子里，让狗狗到你身边，重复这一过程。主人先出门这条原则很重要，狗狗必须在一开始就很清楚。

一旦狗狗按照你的指导出了门，你就可以稍微放松一些了。毕竟，对于狗狗来说，第一次出门散步是很兴奋的，因此，你可以让它快乐地享受一下。

狗狗一开始的时候应该紧随着主人，如果它稍微超前了一些，也不用过于担心，这就是为什么主人要用皮带或绳索牵着狗狗的原因。如果你手里的皮带或绳索明显被狗狗拉扯紧了，你就要喊它回到你旁边了。如果它很听话，照做了，你可以给他一些奖励或表扬。面对周围那么多让它兴奋的事物，它还能遵从你的命令，当然值得表扬了。

3. 选择方向

狗狗必须在一开始就明白，散步的任何细节都不是它来决定的。出门的时候很关键，因为主人和狗狗突然面对着多个可以选择的方向。

如果狗狗朝着一个方向前行，这个时候你一定要聪明地让其转弯，让它跟着你走。重复这一过程，直到狗狗明白散步时必须听主人的命令为止。和其他训练一样，你的目的是让狗狗学会思考，这个时候，它心里会问："我们要去哪里呢？"你可以控制狗狗的方向，让它最终得出这一结论："这个不是我来决定的。"然后你要帮助它练习自控。一个好的老师就是这样，他或她会允许学生做出正确的决定。

4.让第一次散步成为一次愉悦的经历

第一次散步对于主人和狗狗来说都应该是一个温和的开始，以后几天应该继续进行。主人应该对建立起来的控制权充满信心，狗狗也应该慢慢认识到：如果和自己的主人一块儿走出家门，自己一定会安全地回到家里的。

要脱离皮带或绳索的控制，狗狗至少要长到九个月大，而且在散步的时候能够非常准确地回应主人的指示，在家也很顺从。是否让狗狗脱离皮带或绳索的控制一定要慎重考虑。如果它真的冲了出去，很有可能给你带来糟糕的后果，比如，狗狗自己跑走了，迷路了等等。原则上来说，肯定是先会走再会跑。

不管怎样，主人和狗狗都应该更享受这一新的散步阶段。如果能够轻松地带着狗狗散步，狗狗能够很好地回应主人的指令，这确实会让主人感觉很骄傲。看着狗狗欢快地摇着尾巴，对于周围的一切都是那么惊喜，你就知道它们有多么享受这一过程了。

散步中对于噪音的恐惧

对狗狗而言，外面的世界到处都是奇怪的让人惊讶的噪音，有时候这些噪音还很大，人类都觉得难以忍受，就不用说狗狗了。不过，人类可以弄清楚噪音是什么，来自哪里，可是，狗狗却无法做到这一点。

在家里时，我们可以尽量平静，不表现出恐慌，以此教狗狗忽略周围大的声响。可是，随着狗狗所接触的范围逐渐扩大，仅仅是保持平静不恐慌就不行了。身边的汽车、摩托车、警报、头顶的飞机都有可能让狗狗不安。有些狗狗会因此紧张、焦虑，有的会持续很久，因此，我们最好在一开始就把问题解决掉。

狗狗不会明白什么是防盗警报器或火警警笛，它们也无法了解烟火和发动汽车有什么不同。它们能够知道的就是声响没有威胁它们的安全。而唯一可以告诉它们这一信息的只有它们的主人了。

当散步过程中到达马路时，要稍微停一下。当有小车或卡车经过时，如果狗狗对此反应比较剧烈，你要做的是不要表现出任何的恐惧。只要让车子过去，当声音慢慢消失时，跟狗狗说"你真棒"，给它一些奖励，以此让它安心就可以了。当然了，表扬和鼓励也不要过于夸张，不要小题大做。

这一过程随后还要重复。等下一辆车从面前经过时，还是很平静地让其通过，然后给狗狗一些奖励。慢慢地，它就会明白，对于面前的一切你一点都不害怕，那么它也就不需要害怕了。

在散步中遇到其他常出现的噪音时重复这一过程，直到狗狗也能够保持平静为止。

习惯汽车

一旦狗狗对于噪音有了免疫力，可以在家附近随意转悠，你可能就想要去更远一点的地方了。要让狗狗跟着你去更远的地方，你就要让它习惯坐车。让狗狗习惯坐车也需要小心地、有计划地训练。

狗狗很容易形成乘车旅行恐惧症。狗狗可能会发抖，可能会缩在车子里一动不动，也可能因为过度恐惧而四处乱跑乱叫。这对于狗狗和主人来说都不好，因为这个时候主人还在开车。因此，为了狗狗和主人，也为了马路上其他人的安全，狗狗必须习惯乘车旅行。

狗狗第一次的乘车经历可能是在出生后八周左右时，因为那个时候它要来到新家了。之后，除了去看兽医，可能就不需要再乘车出行了。不过，习惯车内的环境，习惯乘车进行近距离或者中长途的旅行依然很重要。

和其他训练一样，训练狗狗乘车旅行关键也是让狗狗建立起积极正面的联系。主人可以从狗狗已经熟悉的领域进一步拓展，当狗狗开始探索房子周围时，你就应该鼓励它花些时间在车子周围转转。

一开始开车带狗狗出门应该选择离家相对来说比较近的地方，可能就是围着家附近转转，并不停下来；可以在饭后或者狗狗玩耍之后休息放松时进行。

手边要有一些报纸、毛巾、毯子或湿的抹布，以防不时之需。晕车或晕动病在狗狗中是很常见的，幼犬尤其如此。车里最好还有一些可以安抚狗狗的东西，比如说一条小毛毯，一个可以让狗狗感觉愉悦的玩具等等。

如果家里还有一只狗狗，它很善于乘车外出，你可以让它随车一起。如果原先在家的狗狗也不太喜欢乘车，那最好就不要一起带出去了。不好的习惯会彼此感染的。除了以上说的种种之外，最好还要有个人陪你一起，这个人最好是狗狗认识的，感觉很熟悉的。

车里有多个位置都适合放狗狗。最重要的是让狗狗感觉舒适，安全。切记一定不要让狗狗在副驾驶的位置，你可以选的位置有：

* 后排座位的狗狗专用安全带后

- 车后备箱的笼子里

- 如果是幼犬可以放在箱子里

- 如有必要，可以将狗狗放在乘客座位的脚部

对于幼犬来说，很难想象乘车旅行会多么让它震撼，在过去的几周中，它刚让自己熟悉了完全陌生的景象和声音，旅程对它来说又成了感觉器官的超负荷，它又要面对新的景象、声音和气味。因此，狗狗或许会有较大的反应，主人对此一定要做好准备。

当你开启引擎准备出发时，如果狗狗很紧张，那么和你一起的人一定要安抚一下狗狗，不过，安抚不要过头，一定要适度。同样，如果狗狗身体反应比较剧烈，比如，狗狗吐了，弄脏了车子，也不要大惊小怪，你和随车一起的人一定要平静。只要清理掉脏物掉头回家，过几天重新尝试即可。

不过，如果一切进展顺利，回到家之后，也要立刻带狗狗去花园或大小便专用区。之后要表扬一下狗狗，让其对乘车出行建立起积极正面的联系。

如果狗狗一直都有晕动症，你就要咨询一下兽医，让兽医提供一些晕车药剂了，这样可能会更有效。否则狗狗就会对乘车旅行产生畏惧心理，负面联系就会加重，问题就变得难以解决了。

把狗狗带到外面的世界时，对其控制是极其重要的。下一章我们将讨论主人如何读懂狗狗的思想和感受，以便于更好地处理新情况。

12

理解狗狗的肢体语言

THE PUPPY
LISTENER

Understanding and
Caring for
Your New Puppy

很明显，如果在马路边或其他有潜在危险的地方散步，狗狗是需要主人帮助的。除此之外，狗狗也会有一些恐惧，这些主人可能并没有理解。狗狗虽然无法用语言表达出自己的恐惧，但是它会给主人传递信号，让主人知道自己的不适。要让狗狗适应外面的世界，理解狗狗表达感受的方式非常关键。

我们的狗狗可能无法用我们习惯的交流方式向主人传递信息，不过，它们会通过一系列有力的符号语言告诉我们，这些语言主要都是通过肢体来传达的。

狗狗的肢体语言是所有幼犬都会的。幼犬会动一动耳朵、尾巴或者通过某种身体姿势和另一只狗狗交流，另一只狗狗立刻就会明白。随着幼犬慢慢长大，主人就要学着去识别狗狗的肢体语言了。

狗狗的肢体语言

狗狗会通过一系列表现来传达肢体语言。我们只要看看两个典型的例子就会了解这一点：

- 如果我们观察通过肢体语言表达恐惧的狗狗，我们就会发现它的眼睛里充满焦虑，耳朵朝后，嘴巴周围肌肉比较紧张，身体略微向后，呈现出防御的姿势。还有，尾巴会在两条后腿之间。

- 同样地，如果狗狗站得笔直，眼神好奇、轻松，身体也没有任何紧张的状态，尾巴不停摇动，这就明显说明狗狗很开心。

不过，在这两种表现之间还有很多微妙的细节需要主人注意。要做到这一点，我们就需要明白狗狗是如何用身体的不同部位来表达自己的感受的。

耳朵

在自然环境下，狼把耳朵作为防御的主要部位，也是攻击的主要部位。它可以通过调整耳朵的方向捕捉到各种声音，这其中有攻击者，也有它们的猎物。狼还可以通过耳朵相互交流，传达狼群中的等级地位。如果狼的耳朵是竖起的，那就说明它对周围的某些事物感兴趣；如果狼的耳朵分别偏向两边，略微有些竖起，那就说明狼很放松。

狗狗也和狼一样，会通过耳朵表达心里的感受。作为主人，要注意以下几个方面：

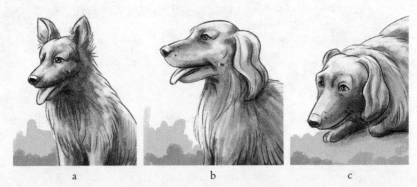

a　　　　　　　　b　　　　　　　　c

最早的警报系统：狗狗的耳朵是传递信号的部位，耳朵可以反映出狗狗的感受。上边三张图片中，狗狗的耳朵依次为：a.竖起耳朵表示警惕或开心；b.耳朵向后表示尊重；c.耳朵耷拉着表示很放松。

- 耳朵向前竖起——警觉，对某些事物感兴趣
- 耳朵略微朝两边——放松
- 耳朵朝后——尊重
- 耳朵直直地竖起——恐惧，屈服

眼睛

人们常说眼睛是心灵的窗户，狗狗当然也是如此。通过狗狗的眼睛你可以看到很多不同的感情表达——力量、自信、恐惧、疼痛等等。你从狗狗的眼睛中看到的就是它的真实感受，这一点毋庸置疑。狗狗和人类不同——它们不会撒谎。

一般来说，狗狗的眼睛可以传递以下信息：

- 眼睛睁得很大——紧张，恐惧
- 凝视一处——力量，自信
- 瞪眼睛——威胁，攻击
- 眼神温柔——放松

牙齿

在自然环境下，牙齿是狼的终极武器。它们知道用牙齿可以杀死来袭者或猎物，因此，牙齿被用来传递强有力的信息也就不足为奇了。

想要传递的信息不同，露出的牙齿数量也就不同。如果狼想要传递一般的警告，它会张开嘴唇，露出很少的牙齿；如果信息没有传递成功，牙齿就会露出更多一些；如果信息一直都没有传递成功，最后狼会露出整排牙齿和牙龈。同时眼睛也会瞪大，明白无误地传递

从不玩忽职守：
波士顿犬的耳朵一直
竖立着，似乎在告诉
大家，它一直处在警
备状态。

信息。牙齿也可以用于传递满足感。很多养过狗的人都知道，狗狗
其实是会微笑的——微笑的时候上嘴唇会向上弯曲，所有的牙齿都
会露出。

家养的狗狗也会以同样的方式传递情绪和感觉，它会通过面部
和嘴部将信息传递出去。

嘴角

下巴和牙齿一起传递出很多微妙的信息。嘴角越是往前，就说
明狗狗越是具有攻击性。如果嘴角朝后，就说明狗狗更具防卫性。

前脸

前脸指的是嘴巴和鼻子周围。通过这一部分的微妙变化，狗狗
可以传递出一系列表情，比如，微笑或咬牙切齿状，如果是后者，
那就说明狗狗准备进攻了。

姿势

狼擅长跑步，因此身体的平衡感非常好。狼通过身体的姿势也

可以传递出细微的信息，如果身体前倾，就表示有潜在的攻击性，如果身体向后，就表示屈服和投降，尤其是在狼群中对于首领和地位较高的狼。我们的狗狗也会这样，通过身体的姿态来传达信息。

颈部的毛

狗狗天生就能够让毛耸立，这样会让自己的体型显得更大。这种本领也是来自其祖先狼，狼把浑身的毛竖起，让自己显得更大，更有威慑力。狼本能地会通过恐吓威胁，避免正面出击。当然了，毛发耸立有时候也表示很快乐。

尾巴

通过尾巴你可以看出很多狗狗的性格特征、自信与否、地位感，以及心情等，它还会告诉你对于外界的反应如何。这对于狗狗来说是最为重要的信息传递系统，而且也是狗狗特有的。

主人需要注意以下四个关键问题：

- 当狗狗放松或者开心时，尾巴会自然向下，没有丝毫的紧张感。这就说明狗狗在周围的环境中感觉舒适。
- 如果狗狗的尾巴是在腹部之下藏着的，这就明确说明狗狗很恐惧。
- 如果狗狗外出散步，会抬高尾巴，呈现出水平的状态。
- 狗狗的尾巴抬得越高，就说明它越是自信，在家里地位越高。在自然环境下，狼首领的尾巴几乎是和身体成直角的。

狗狗的尾巴的状态都传递了一定的信息。正常状态下，狗狗的尾巴是半悬着的，就像是降到桅杆一半的旗子一样。如果狗狗的尾

巴抬成了直角，而且很僵硬，这就明确显示狗狗会进攻。

此外，狗狗的主人都明白，如果狗狗的尾巴抬得很高而且不停地摇动的话，说明狗狗的心情不错。

和其他狗狗的交流

狗狗的先祖狼是非常擅长与同类的交流的。它们的身体特征便于它们迅速有效地将信息传递给同类。狼的耳朵耸立，脸部特征极其相似，因此，狼群成员之间传递信息时几乎不可能出现误解。

然而，经过人类一万四千多年的驯化，狗狗的体型已经有了各种不同的变化。现在世界上有几千种不同的狗狗，其中很多都是为了迎合人类的需要，而非为了狗狗自身的发展。而这一发展的结果就是狗狗之间的交流不像过去那么容易了。这会引起一些问题，尤其是彼此不熟悉的狗狗相互交流时。

因此，当主人准备带狗狗出门散步时，狗狗有可能会遇到其他动物，预先花些时间让其理解可能会遇到的问题比较重要。有些种类的狗狗对于它们能够表达什么、不能表达什么有很多的局限。它们的身体特征可能会限制它们，这就是潜在的问题，作为狗狗的主人，我们要意识到这些问题的存在。

耳朵

要理解为什么一些狗狗会袭击另一些狗狗，就要先思考一下狗狗眼中自己的同类是什么样子。比如说，如果一只狗狗遇到另一只狗狗时耳朵没有垂下，另一只狗狗将此解读为缺少尊重，甚至会认为是一种进攻的信号。可是，如果没有垂下耳朵的狗狗真的不会垂下耳朵呢？比如，史宾格犬就不像其他狗狗那样能够轻松地竖起耳朵或垂下耳朵。

有些国家的宠物爱好者会给狗狗修剪耳朵，这样狗狗的耳朵就会一直保持竖立。对于其他狗狗来说，耳朵竖起的狗狗的状态说明它一直处在警觉状态，其他狗狗就会相当戒备了。

如果你的狗狗遇到这种耳朵一直竖起的狗狗，它可能会很困惑，甚至会有攻击性。它需要明白，狗狗家族中种类很多，并不是所有的狗狗都和它周围的狗狗一样。

眼睛

狼的眼睛所占脸部的比例大小适中，因此它们会有各种不同的表情。不过，由于人类的驯化，狗狗和狼已经有了一定的区别。

眼睛较小或者眼睛藏在毛发之下的狗狗，比如古代英国牧羊犬、马耳他犬和其他一些种类的狗狗交流时就比较有困难，因为其他狗狗根本无法看到它们传递的信息。

通过和其他种类的狗狗交配、生育下一代，有些品种的狗狗有较大的圆溜溜的眼睛，比如哈巴狗、拳师犬、吉娃娃犬、骑士查理王猎犬，以及斗牛犬等。对于其他狗狗来说，这样的狗狗可能显得比较紧张，比较具有攻击性，也可能表示在社交场合它不愿和其他狗狗玩耍。

前脸

前脸是狗狗脸部表情最丰富的部位。这一部位指的是两眼之间一直朝下，包括鼻子、嘴巴在内，一直到下巴，狗狗通过这一部位可以传递出很多信息：它们可能会露出牙齿，可能会皱起鼻子，甚至会微笑。前脸肌肉很发达，因此，表情也相当灵活。不过，如果这种狗狗遇到了前脸表情并不灵活的狗狗，那么问题和误解就会出现。

对于两种狗狗都是如此。

比如，狗狗一般都需要看到其他狗狗皱眉或扮鬼脸，可是，像沙皮犬这种狗狗脸部褶皱太多，其他狗狗根本无法看到沙皮犬面部的细节变化。

骑士查理王猎犬和拳师犬鼻子部位越来越短，这就说明它们无法像其他狗狗一样，传递丰富的面部表情。

如果面部无法传递信息，那么其他狗狗就无从了解了。如果狗狗稍有不快，它可以通过细微的嘴部变化来表达。如果有些生气，牙齿就会露出更多。如果非常恼火，整口牙齿都会露出来。如果脸部无法表达这些情绪，狗狗就无法让其他狗狗知道自己很生气，让其他狗狗知道它们之间可能会正面交锋。

姿势

胸部较宽的狗狗，比如拳师犬，并不是自然形成的品种。胸部和肩部过宽，让它们看起来有些头重脚轻，就像狗狗家族的阿诺德·施瓦辛格。因此，对于其他狗狗来说，它们就是潜在的威胁。此外，这种狗狗的尾部较轻，因此看起来身体略微前倾，也就让其他狗狗更觉得有威胁感了。

与之相反，像京巴犬这类狗狗会让其他狗狗感觉困惑。京巴犬毛长腿短，很难清楚地看到其身体轮廓。你根本辨别不出它们是站立还是躺下的。平平的脸更是让其他狗狗难以读到其真正的表情。其他狗狗不明白自己要跟对方玩耍呢，还是要吃掉它！因此，主人带着自己的狗狗和其他狗狗见面时一定要注意。

颈部的毛

人们经常会看到狗狗颈部的毛竖起来，并且认为这是狗狗进行攻击的前兆，不过，颈部的毛竖起来也可能表达完全不同的情绪，比如快乐。因此，如果你的狗狗颈部的毛总是竖起来，比如博美犬，你就要注意了，其他狗狗会因此感到困惑的。同样，像斑点狗或中国冠毛犬这类狗狗，毛皮比较平滑，不会竖起颈部的毛，这就限制了它们和其他狗狗交流的能力。

尾巴

狗狗的尾部特征因为人类的驯化和介入，和其祖先狼相比已经有了很大的区别。因此，狗狗之间对于尾部信息的传递也会出现误解和困惑。如果狗狗的尾巴是以下某种类型，狗狗主人就要注意了：

长尾巴

有些狗狗，比如短腿猎犬或腊肠犬，因为腿很短，尾巴就显得格外长了。一般来说，狗狗的尾巴是自然下垂的，可是，如果狗狗尾巴较长，就会拖到地上。因此，它们会把尾巴稍微抬高。对于它们自己来说，这是一种非常正常的反应，可是，对其他狗狗来说，这可能就是一种挑战。

卷曲尾巴

有些品种的狗狗经过繁育，尾巴出现了卷曲状，比如猎鹿犬、巴辛吉犬、博美犬。其他狗狗如果第一次看到尾巴卷曲的狗狗，会很困惑。它们无法推测对方的情绪状态，不知道对方是放松还是警觉，因此，最后很容易做出不好的回应。

剪短的尾巴

在欧洲的很多国家，剪短狗狗的尾巴是被明令禁止的，当然，特殊情况除外。不过，很多年龄较大的狗狗的尾巴依然会被剪短。

尽管它们可以通过剩余的尾巴表达自己的情绪，但是，和完整的尾巴相比，传递的信息就没有这么容易理解了，从远处看尤其如此。其他狗狗可能会误读被剪短尾巴的狗狗传递的信息，当它们走近彼此，能够正确解读时往往就太迟了。如果这种狗狗其他表达情绪的能力也很有限，比如耳朵松弛下垂的西班牙猎犬，剪短的尾巴只会让其传递信息时更加被动。

有些狗狗由于以上种种因素可能会出现严重的交流障碍。想象一下，一只可怜的古代英国牧羊犬和另一只狗狗相遇了，对方如果是第一次见到这种狗狗，它会觉得古代英国牧羊犬就像是一个巨大的厨房拖把。它看不到对方的眼睛、耳朵，以及前脸，也看不到对方的尾巴，能看到的就是一只披着毛皮的胸部巨大的动物，它甚至不知道对方也是同类。因此，其他狗狗总是会误解这种狗狗也就不足为奇了。

当你带着狗狗到外面散步时，必须帮助它解决和其他狗狗交流时的各种问题，当然了，你自己的反应依然很关键。

让它认识其他品种的狗狗

狗狗是非常聪明的生灵，它们总会找到自己的生存方式，在这个世界上存活下去。它们想避免正面冲突，也会尽力做到这一点。以达克斯猎狗为例，当它长大后，它会知道，尾巴抬得很高并不一定表示占有支配地位。它们的腿部较短，如果像其他狗狗一样拖着尾巴，那么尾巴必然会扫到地上，这会让它们很不舒服。当它们遇到其他品种的狗狗时，它们会发现其他狗狗并不一定也这么想。或许这就是问题的开始了。

这并不是说不同品种的狗狗无法在一起玩耍，主人要给它们一定的时间，消除它们内心的疑虑。狗狗们深知"留心即能成为朋友"的含义，因此，出去散步时，耐心总是少不了的。

不同品种的狗狗因为传递信息的方式不同，彼此交流时难免出现困惑，因此，主人可以在狗狗很小的时候就让它多多接触和熟悉其他狗狗。参加狗狗课堂和狗狗社交圈都是比较不错的方式。在狗狗课堂上，狗狗们会学着彼此和平相处，也会适应各种不同的狗狗。不过，主人一定要注意，这并不是一蹴而就的，不要操之过急，要给狗狗一定的时间。

狗狗之间的对抗

和其他的狗狗打交道，对狗狗来说并不是与生俱来的行为。在自然环境下，狼彼此之间是相互排斥的，它们会各自划定地盘，以免发生正面的冲突。当然，在人类世界中，我们不可能帮助狗狗避免和其他狗狗的接触，也没有这个必要。只要你不是生活在与世隔绝的某个角落，你的狗狗就需要练习和其他狗狗相处，因为它们以后总会遇到其他狗狗，以及狗狗主人的。

领导权之争：就像自然环境下它们的祖先狼一样，狗狗也会站起来，为了地位高低而较量。

我们已经讨论过，如果狗狗们自己相互接触，由于传递信息的方式不同，它们很有可能感觉困惑，甚至会给彼此带来危险。然而，如果是主人带着它们相见，情况很可能出现更激烈的变化。狗狗可能会突然充满攻击性，因此，主人对此一定要有所准备。

关键是让狗狗练习和其他狗狗相处，也就是，让狗狗习惯见到其他狗狗和狗狗主人。当你接近另一只狗狗和狗狗的主人时，你要表现得很平静，要保持自己对于狗狗的领导地位，要记住吉普林那句名言："如果你头脑清醒，其他人就会乱了脚步……"，除此之外，还要注意以下细节：

- 用皮带或绳索牵着狗狗，给另一只狗狗留下足够的空间。
- 从另一只狗狗身边经过时，不要特别的关注它，不要看另一只狗狗或是其主人。
- 如果你的狗狗经过时没有特别地关注另一只狗狗，你可以在走过一段距离之后给狗狗一些食物奖励。

和其他训练一样，这样狗狗会建立起正面的联系，而且你越是

不同性格的狗狗之间出现冲突：如果处理不当，新狗狗的到来会引起新成员和家里已有狗狗之间针对地位的正面交锋。

频繁地给狗狗这样的指导，问题就越容易解决。

当然了，你们只是等式中的一个因素，很可能另一只狗狗的主人没有很好地控制局面，也并不那么了解自己的狗狗。因此，你要做好充分的准备——另一只狗狗很有可能出现攻击行为。

如果出现了这一局面，你依然要保持冷静。另外还要注意以下细节：

- 尽快、尽可能安静地带狗狗离开。
- 不要大惊小怪，不要大声责怪另一只狗狗或者和它的主人多说话。这只会让情况更糟糕，让狗狗更恐惧见到其他的狗狗。
- 如果不是特别危险的情况，一定不要去抱狗狗。即使必须去保护它了，也要保持冷静。你处理事情的方式对于两只狗狗来说都是重要的信息来源。
- 不要让自己也成为问题的一部分。
- 如果狗狗没有任何过分的反应，径直走开了，一定要表扬它，给它奖励。

带狗狗出去散步时，时刻留意狗狗的反应，这一点十分重要。一段时间之后，你们有了更好的了解，出去散步就会成为狗狗的又一习惯。要时刻铭记，你的一言一行狗狗也在学着理解，如果它觉得你害怕了或紧张了，它也会有同样的感受。如果你对外界的情况泰然处之，狗狗自然也就知道该怎么做了。

13

注意狗狗的身体变化

THE PUPPY
LISTENER

Understanding and
Caring for
Your New Puppy

　　狗狗出生后第一年身体变化非常大。尤其是前六个月，狗狗会经历一生中成长最快的一段时间。

　　狗狗出生后三个月左右，一般都会长到成年之后体重的 20% 到 30%，具体因体型和品种各异。九个月时，它们的体重一般会超过两岁半时体重的 80%。

　　狗狗成长的速度各不相同，一般来说，体型较小的品种成长的速度比大的品种快，因此，有些狗狗九个月大时体重会超过成年时的 90%。对于体型很大的狗狗来说，真正的快速成长期在出生之后的三到五个月之间。在那之后它们会继续成长，只是速度会变慢，接近成年时，身体趋向稳定。在成长较快的时期，狗狗对饮食的要求也就比较高。当然，如果不加控制，这也是狗狗超重的一大原因。

关注狗狗的体重

　　和人类一样，狗狗也容易超重。如果只吃不动，超重就非常容易。散步和玩耍没有消耗掉的热量就会在体内存储下来，最后形成脂肪。有时候，狗狗的肥胖是由于身体新陈代谢过慢所致，不过，多数情况下，狗狗肥胖都是由于主人没有真正负责好狗狗的饮食和锻炼。主人在照顾狗狗的过程中很容易出现以下错误：

- 喂狗狗吃每餐剩下的饭菜。

- 定时喂狗狗零食或小吃，尤其是奶油类人类的零食。（巧克力
  对狗狗来说有毒）

- 训练时过多地给狗狗食物奖励，因此，狗狗就会不断地惦记。

- 没有带狗狗做足够的锻炼。

狗狗中有 40% 到 50% 都有超重的问题，和人类一样，超重已经
成为狗狗世界中非常普遍的问题，而且很有可能给狗狗带来灾难性
的后果。

超重的狗狗寿命一般都更短，身体状况也不够健康。多余的体
重会给骨骼、关节，以及心脏带来额外的负担。超重的狗狗对于传
染病的抵抗力也更弱。

一旦狗狗超重，紧接着就会出现恶性循环——它们会更为懒惰，
对玩耍和锻炼都没有什么兴趣，健康也因此会进一步恶化。

有些兽医说，超重有些是基因问题。容易出现超重的狗狗主要
有比格猎犬、短腿猎犬、凯恩梗、骑士查理王猎犬、达克斯猎狗、
拉布拉多犬、寻回犬。

如果不加以注意，超重会引起身体的各种疾病和健康问题。比
如：

- 糖尿病

- 肝脏疾病

- 心脏疲劳

- 热耐受不良

- 皮毛健康状况恶化

- 抵抗传染病的能力下降

- 呼吸系统问题

- 关节炎

- 髋关节或肘关节发育不良

- 椎间盘问题

- 关节韧带破裂

因此，主人一定要多关注狗狗的体重，最简单的方法就是去兽医处定期测量和检查。将狗狗的体重和该品种的标准体重相比，确定狗狗是否超重。此外，在每年的体检中，亲自记录狗狗的体重状况也很重要。

如何监控狗狗的体重及健康状况

狗狗不仅仅容易超重，还容易患其他很多相关的疾病，因此，关注狗狗的身体状况非常关键，在狗狗出生之后的六个月内尤其如此。

当然了，主人需要关注的不仅仅是狗狗的肥胖问题，如果狗狗体重不足，也会引起很多健康问题，有些会阻碍狗狗身体的正常成长，严重的话，甚至会缩短狗狗的寿命。

关注狗狗的身体状况光是时不时看看还不够，还要定期进行体重和身体状况的评估，详细记录。

如何通过触摸给狗狗的身体状况打分

如果在狗狗很小的时候主人就和狗狗建立起良好的关系，狗狗

对触摸就不会反感，那么通过身体触摸给狗狗打分就比较容易了。

主人需要关注的部位是肋骨和尾部。用手指触摸狗狗的身体，感觉一下骨骼是不是很明显，另一点要注意的是观察狗狗的腹部，看看形状。最好的方法就是站起来俯视狗狗。

狗狗的身体状况大致可以分为五种：

1. 瘦弱

如果狗狗很瘦弱，明显不健康，就给狗狗打一分。用手触摸其腹部，你会发现肋骨根根都很明显，皮下几乎没有脂肪。尾部非常突出。皮肤和骨骼之间几乎没有什么脂肪或皮下组织。从上面俯视，很容易看到腹部紧缩。如果狗狗是这种情况，就一定要去看兽医了。

2. 体重不足

如果狗狗体重不足，就给狗狗打两分。用手触摸，比较容易感觉到狗狗的肋骨，皮下只有很薄的一层脂肪。尾部比较突出。皮肤和骨骼之间只有很薄的脂肪或皮下组织。如果狗狗超过六个月，从一侧看，腹部依然是紧缩的，从上面俯视，也呈现很明显的沙漏状。

3. 理想状态

如果狗狗身体状况比较理想，就给狗狗打三分。用手触摸，你依然能够感觉到狗狗的肋骨，不过，皮下明显有一层脂肪。狗狗超过六个月的话，从上面俯视，明显能够看到比例协调的腰部，不过，从侧面看，腹部依然有些紧缩。

4. 超重

如果狗狗超重，就给狗狗打四分。用手触摸，你会发现很难感觉到肋骨，皮下明显有较厚的脂肪。尾部较厚。皮肤和骨骼之间明显有皮下组织，身体明显有一层脂肪覆盖。狗狗如果超过六个月，从一侧看，腹部不再紧缩，从上面俯视背部更宽。

5. 肥胖

如果狗狗肥胖，就给狗狗打五分。用手触摸，几乎感觉不到肋骨，皮下脂肪很厚。尾部也有厚厚的脂肪。如果狗狗年龄较大，从一侧看，几乎看不到腰部，腹部会隆起，微微下垂。从上面俯视，你会发现背部明显比正常的狗狗宽。如果狗狗出现这种状况或者主人心存疑虑，就去咨询兽医。

处理体重问题

如果狗狗体重稍微超出标准或稍微不足，解决这一问题并不困难。主人可以适当调整狗狗的食量和运动量。唯一需要注意的是，这种改变一定要循序渐进，一般要超过一周，否则，突然的变化就会给狗狗的身体系统带来负担。

此外，主人还要调整狗狗的零食，停止喂剩饭剩菜，让狗狗逐渐改掉吃零食的习惯。

相比较而言，狗狗体重过轻或体重明显超重就要另当别论了。除了以上的细节之外，主人还要带狗狗定期去看兽医。兽医会给出最佳的问题解决方案，而且也会列出最适合狗狗的食谱。

近年来兽医学发展迅速，兽医们对狗狗的饮食也做了细分，以针对不同的需要，比如，针对减轻体重的低热量食谱，针对增加体重的高热量食谱等。你可以咨询兽医，一起为狗狗制定一份合适的食谱。

牙齿发育

狗狗牙齿的发育依然沿袭了其祖先的特征。就像狼一样，幼犬首先长出的是乳牙，七个月左右时乳牙脱落，长出恒牙。在自然环境下，小狼崽的恒牙一般是在其第一次外出狩猎时长出。

一般来说，狗狗牙齿的发育有以下几个阶段：

- 出生三到四周，第一颗乳牙长出，为幼犬和其他兄弟姐妹的交流做好准备。

- 六周时，乳牙长齐。一般来说，幼犬一共有 28 颗乳牙。

- 三到五个月时，幼犬进入新的生长期，切齿、犬齿、白齿先后长好。

- 五到六个月时，恒牙全部长好。

- 七个月时，下颌最后的白齿长出。这个时候，如果狗狗发育良好，应该有 42 颗牙齿：12 颗切齿、4 颗犬齿、16 颗前白齿、10 颗后白齿。

在这个过程中，如果狗狗出现了任何牙齿方面的问题，你可以查阅本书的相关章节，及时将问题解决掉。

狗狗的青春期

狗狗进入青春期比较早，进入青春期之后很容易受精或怀孕，因此，如果你的狗狗处在这一时期，且有遇到其他狗狗的可能，不管是在你家花园里，还是外出散步时，你都要仔细观察，看看狗狗是否有进入青春期的迹象，要采取措施加以保护。

公犬

公犬的睾丸由很多盘管构成，存储在阴囊之中。到青春期之后，睾丸就会产生精子，而且会持续一生，不过，随着年龄的增长，精子的数量会慢慢减少。

狗狗很小的时候睾丸就开始发育，由一条韧带和阴囊连在一起。随着年龄增长，韧带不断紧缩，睾丸就会从阴囊中下垂。在狗狗出生几周之内睾丸就会明显突出，随着阴囊周围脂肪的积累，慢慢睾丸就不那么明显了，直到四个月左右时，即青春期开始时又会再次凸显。

狗狗到青春期之后，有一点主人一定要注意：检查狗狗两个睾丸是否发育健康。如果一开始只有一个，主人也不要恐慌。两个睾丸发育不一样也并不罕见，有些狗狗第二个睾丸等到 18 个月大时才完全凸显。不过，如果你心存疑虑，那就要及时咨询兽医了。

公犬的青春期来得比较早。从理论上来说，从五到六个月开始公犬就可以做父亲了，不过，让公犬早早地哺育后代并不好。首先，也是最重要的，如果任由公犬与遇到的发情期母犬交配，世界上必然会多出许多没人要的幼犬。此外，这样的公犬也容易产生行为问题，容易形成好攻击、好支配的性格。这些依然是延续了自然环境下狼群的生活习性——在狼群中，只有公狼首领可以自由交配。如果公犬也可以肆意交配，那么它就会认为自己是群体的首领，这就会对其行为造成很大的影响。因此，在狗狗很小的时候，主人就应警惕这些问题的出现，看管好自己的公犬。

母犬

母犬一般在身体发育成熟一个月内进入青春期。因此，体型较小的狗狗，因为身体比体型较大的狗狗长得快，成熟期也就开始得更早了。体型较小的狗狗一般五个月大时就进入了青春期，而体型较大的狗狗有的到两岁才开始步入青春期。

主人应该在母犬六个月左右时开始多加关注。通常情况下，母犬进入青春期会有很多迹象。比如，狗狗突然对其卫生状况很感兴趣，它会自我清理，时不时舔舐自己的皮毛。它天生就知道，它是脆弱的，要自我照顾。

要确定母犬是否进入青春期，主人可以检查母犬的外阴。可以用白色的面巾纸轻轻触碰外阴周围。如果有粉色或红色的分泌物，那么就可以确定狗狗进入了发情期。发情期的母犬是非常脆弱的，不仅仅容易意外怀孕，而且容易感染子宫积脓或子宫感染等疾病。这个时候，主人除了让母犬远离其他狗狗之外，还要注意其卫生状况，以避免出现感染。

绝育

是否要给公犬实施去势手术或给母犬实施子宫卵巢切除手术一定要慎重考虑，不过，这是很多主人最终都会做出的选择。对此我并无任何反对意见，尤其在狗狗出现以下情形时，更要及时实施绝育手术：

- 狗狗即将成为协助犬，比如，导盲犬或其他方式的助手。如果狗狗是母犬，就更不建议受孕，进而生育幼犬了，因为在这种情况下，狗狗就无法帮助其主人了。
- 很多营救组织都坚持给送达的狗狗实施绝育手术。这也容易理解，因为在营救组织的工作人员并不清楚送达狗狗的背景。
- 狗狗有遗传类疾病。

- 狗狗的主人明确决定不让狗狗生育。

当然，也有一些情况狗狗不适宜做绝育手术，比如：

- 如果狗狗只是因为行为问题，主人就决定给狗狗做绝育手术，那就极不合适了。这些问题常常和狗狗无法在群体中扮演其领导角色有关。正确的处理方式是让狗狗明白自己在家里并非处在领导地位，而不是通过手术增加狗狗的创伤。绝育手术只会让狗狗更没安全感，更容易惊慌失措，充满攻击性。
- 如果主人打算让狗狗参加评比，就不能给狗狗做绝育手术。狗狗俱乐部明确规定，参加评比的狗狗必须是"身体完好的"，或者必须能够生育的。
- 如果你还不确定，那就不要给狗狗做绝育手术，因为一旦做了手术就无法挽回了。

当狗狗进入下一个生长期时，它会给你带来新的快乐和挑战。如果在出生后的六个月内打下良好的基础，主人和狗狗之间就会相互理解，关系也自然会融洽、快乐。

结 论

　　和它们的祖先一样，狗狗也有一个漫长的童年期。在漫长的童年期里，狗狗可以进行很多学习和训练。在自然环境下，小狼崽出生后六到九个月内所有的训练都是为了融入狼群、为开始真正捕猎做准备的。"学徒期"一旦结束，小狼崽就会进入一个崭新的阶段。

　　对于家养的狗狗来说也是一样，出生后六个月左右是一个重要的里程碑。在这之后，狗狗就可以真正地四处转悠了，它可以到处走一走，散散步，可以真正融入周围的环境了。九个月大时，主人应该进一步拓展狗狗的活动范围。因为这个时候狗狗已经不再是幼犬，它已经长大了，如果基本的训练都已经做好，它就应该拥有更多的自由了。

　　主人在狗狗出生后所做的一切准备对于此刻来说都是十分重要的。如果你没有做好，那么问题就会接踵而至。如果一切进展顺利，之后和狗狗的相处就会更加轻松。在未来的日子里，你和狗狗的生活就会因为彼此的陪伴而别有乐趣。

作者的话

　　写这本书时，我总是希望能够将喂养狗狗的一般问题都涵盖在内，可是，要做到这一点确实不易。狗狗的品种繁多，在喂养狗狗过程中的种种细节，以及狗狗的身体状况也各不相同，因此，本书中的信息难免不全。不过，在本书中，一般的问题你都可以找到答案，希望本书对你能有所帮助。